3年生で習った小数・分数

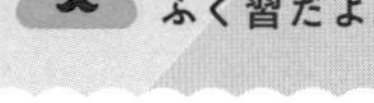

3年生で習った小数・分数のたし算，ひき算のふく習だよ。

1 筆算で計算をしましょう。

① 3.2＋4.9

	3	.2
＋	4	.9

② 8.3＋7.8

③ 18.7＋6.2

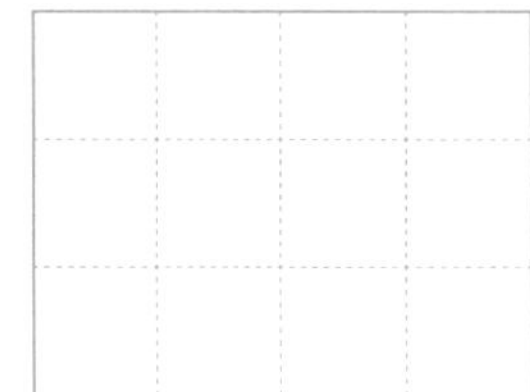

④ 8.5＋3.7

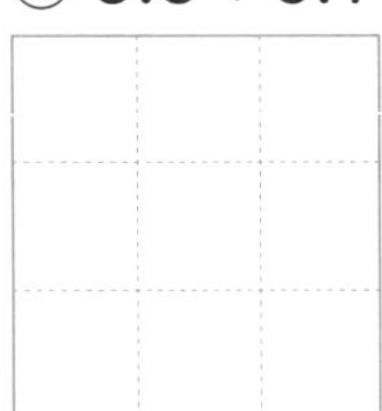

⑤ 5.4＋4.6

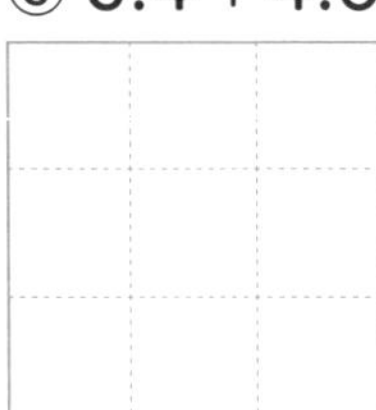

⑥ 43.7＋0.3

⑦ 3.2－1.7

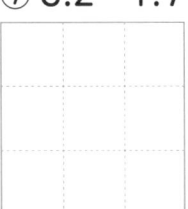

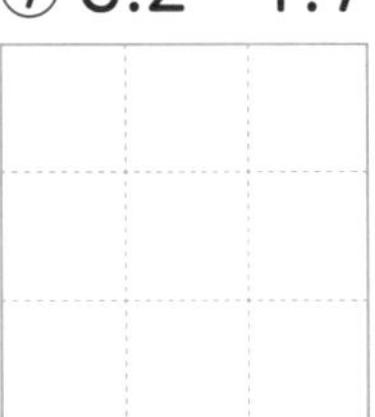

⑧ 9－5.6

⑨ 20.3－2.7

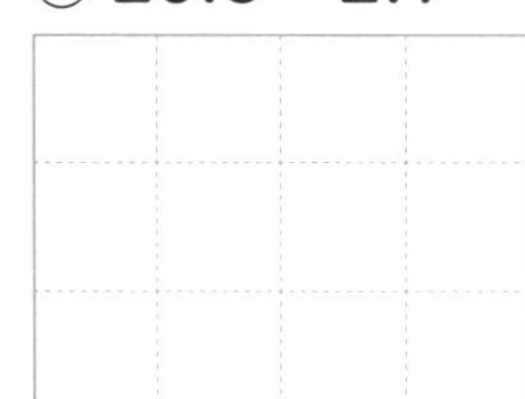

⑩ 7.2－6.3

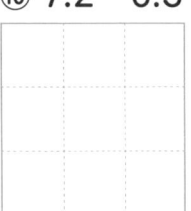

⑪ 4.3－2.6

⑫ 18－5.4

筆算は，位（くらい）をたてにそろえて書くんじゃぞ。

2 計算をしましょう。

① $\frac{2}{6}+\frac{3}{6}$　　② $\frac{1}{8}+\frac{4}{8}$

③ $\frac{2}{5}+\frac{2}{5}$　　④ $\frac{3}{7}+\frac{4}{7}$

⑤ $\frac{9}{10}-\frac{3}{10}$　　⑥ $\frac{4}{5}-\frac{1}{5}$

⑦ $1-\frac{3}{7}$　　⑧ $\frac{7}{9}-\frac{2}{9}$

テストに出るうんこ

決定版

日本10大うんこ祭り

キミならどの祭りに参加したい!?

1 うんこ転がし祭り
村人のうんこ1年分で作った「うんこ玉」を、
元日の朝に男たちが転がし、
最後はがけから海の中へうんこ玉を落とします。

小数のたし算①

今日のせいせき
まちがいが
 0~2こ よくできたね！
 3~5こ できたね
6こ~ がんばれ

小数のたし算をするよ。答えの小数点をうちわすれないように注意しよう。

1 3.26＋4.93の筆算のしかたを考えます。

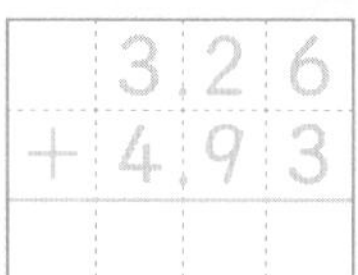

❶位をそろえて書く。

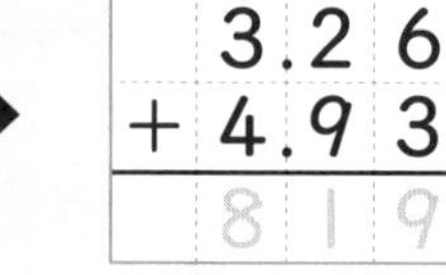

❷整数のたし算と同じように計算する。

	3	.2	6
＋	4	.9	3
	8	1	9

❸上の小数点にそろえて，答えの小数点をうつ。

2 筆算で計算をしましょう。

①
	3	.1	5
＋	4	.5	6

②
	1	.5	9
＋	4	.6	3

③
	2	.6	5
＋	0	.8	7

④
	0	.7	4
＋	0	.2	8

⑤
	3	3	.6	4
＋		9	.8	3

⑥
	1	.7	9	6
＋	2	.0	2	5

3 筆算で計算をしましょう。

① 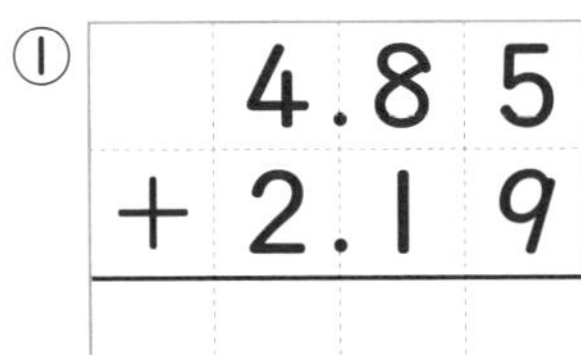

$$\begin{array}{r} 4.85 \\ +\ 2.19 \\ \hline \end{array}$$

② $$\begin{array}{r} 1.23 \\ +\ 3.48 \\ \hline \end{array}$$

③ $$\begin{array}{r} 1.06 \\ +\ 7.21 \\ \hline \end{array}$$

④ $$\begin{array}{r} 0.97 \\ +\ 1.17 \\ \hline \end{array}$$

⑤ $$\begin{array}{r} 64.83 \\ +\ 9.03 \\ \hline \end{array}$$

⑥ $$\begin{array}{r} 2.795 \\ +\ 1.848 \\ \hline \end{array}$$

⑦ $$\begin{array}{r} 1.376 \\ +\ 0.543 \\ \hline \end{array}$$

⑧ $$\begin{array}{r} 2.509 \\ +\ 6.265 \\ \hline \end{array}$$

うんこ文章題にチャレンジ！ 1

手のこうの上に，小さなうんこを2こ乗せました。重さはそれぞれ，2.74gと2.27gです。

合わせて何g乗せましたか。

筆算

式

答え

小数のたし算②

今日のせいせき
まちがいが

0~2こ よくできたね！

3~5こ できたね
6こ~ がんばれ

答えの大きさを考えて，筆算の答えを正しく書く練習をするよ。

0.426＋0.374, 2.6＋0.135の筆算のしかたを考えます。

	0.	4	2	6
＋	0.	3	7	4
	0.	8	0	0

一の位に0を書いて小数点をうつ。0.800は0.8と同じ大きさだから，0を＼で消す。

	2.	6	0	0
＋	0.	1	3	5
	2.	7	3	5

2.6を2.600と考えて筆算をする。

筆算で計算をしましょう。

①

	2.	9	3
＋	5.	2	7

②

	0.	1	3
＋	0.	4	9

③

	0.	0	2	1
＋	0.	0	7	9

④

	1	3.	5	
＋		0.	3	8

⑤

	0.	9	2	3
＋	4.	1		

⑥

	2	4		
＋		8.	3	5

筆算で計算をしましょう。

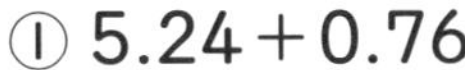

① 5.24＋0.76

② 6＋8.12

③ 0.084＋0.276

④ 13.8＋0.43

テストに出るうんこ

決定版

日本10大うんこ祭り

キミならどの祭りに参加したい!?

2

福のうんこ祭り

村人の中から選ばれたその年の「福男」が、自分のうんこを持って村の中をにげ回ります。福男のうんこを手に入れると、縁起がよいとされています。

小数のひき算①

今日のせいせき
まちがいが
0~2こ よくできたね!
3~5こ できたね
6こ~ がんばれ

小数のひき算をするよ。答えの小数点をうちわすれないように注意しよう。

1 7.43－2.81の筆算のしかたを考えます。

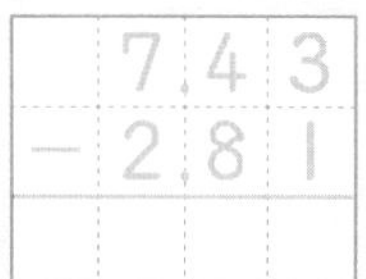

❶位(くらい)をそろえて書く。

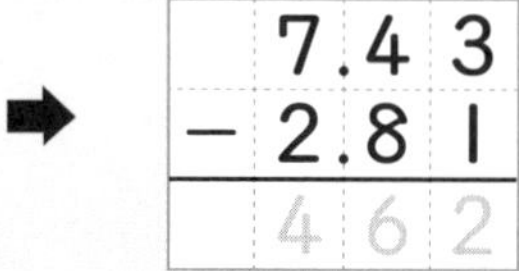

❷整数のひき算と同じように計算する。

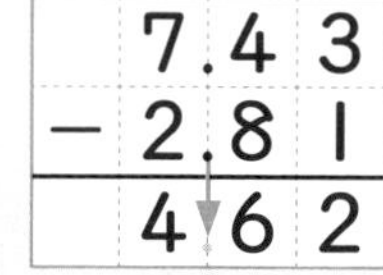

❸上の小数点にそろえて，答えの小数点をうつ。

2 筆算で計算をしましょう。

① 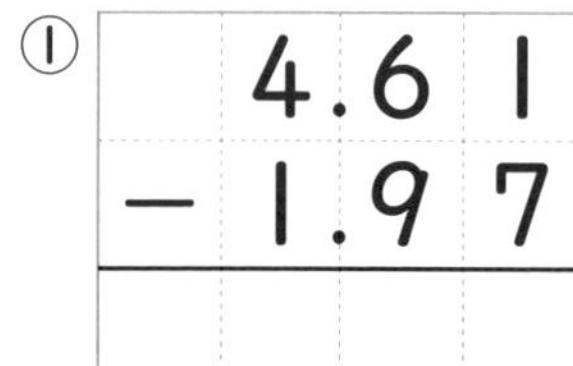

②
```
   5.43
－ 2.81
```

③
```
   8.24
－ 6.19
```

④
```
   9.82
－ 0.38
```

⑤
```
   6.346
－ 2.679
```

⑥
```
   72.53
－  5.74
```

3 筆算で計算をしましょう。

①
$$\begin{array}{r} 9.57 \\ -\ 1.09 \\ \hline \end{array}$$

②
$$\begin{array}{r} 7.34 \\ -\ 1.18 \\ \hline \end{array}$$

③
$$\begin{array}{r} 8.13 \\ -\ 2.48 \\ \hline \end{array}$$

④
$$\begin{array}{r} 6.45 \\ -\ 0.26 \\ \hline \end{array}$$

⑤
$$\begin{array}{r} 9.235 \\ -\ 0.759 \\ \hline \end{array}$$

⑥
$$\begin{array}{r} 5.382 \\ -\ 3.246 \\ \hline \end{array}$$

⑦
$$\begin{array}{r} 66.75 \\ -\ 4.98 \\ \hline \end{array}$$

⑧
$$\begin{array}{r} 8.717 \\ -\ 4.868 \\ \hline \end{array}$$

うんこ文章題にチャレンジ！ 2

深さ**2.76m**のうんこプールの中に，身長**4.14m**の巨人(きょじん)が立っています。

うんこプールから出ている巨人の高さは何mですか。

筆算

式

答え ＿＿＿＿＿＿＿＿

小数のひき算②

今日のせいせき
まちがいが

0~2こ よくできたね!

3~5こ できたね

6こ~ がんばれ

答えの大きさを考えて，筆算の答えを正しく書く練習をするよ。

1 5.23－4.91，4－2.835の筆算のしかたを考えます。

	5.	2	3
－	4.	9	1
	0.	3	2

一の位にOを書いて小数点をうつ。

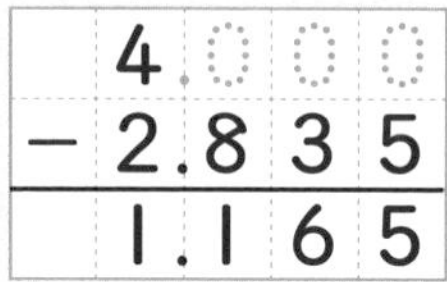

	4.	0	0	0
－	2.	8	3	5
	1.	1	6	5

4を4.000と考えて筆算をする。

2 筆算で計算をしましょう。

①

	8.	2	6
－	7.	5	8

②

	9.	1	
－	1.	2	9

③

	5	2.	4	
－		0.	6	7

④

	0.	3	3	4
－	0.	2	5	7

⑤

	6.	2	3	5
－	5.	5	4	6

⑥

	3			
－	0.	0	7	2

3 筆算で計算をしましょう。

① 0.7－0.45

② 2.3－1.82

③ 2.813－1.986

④ 23－0.24

決定版

日本10大うんこ祭り

キミならどの祭りに参加したい!?

3 寒中うんこぶりぶり祭り

うんこ

ふんどし1枚で真冬の海に入り，うんこをします。次の日，自分がしたうんこを探すために，もう一度海に入ります。

小数のたし算・ひき算

今日のせいせき
まちがいが

0~2こ よくできたね!
3~5こ できたね
6こ~ がんばれ

まちがえた筆算は，もう一度やり直そう。

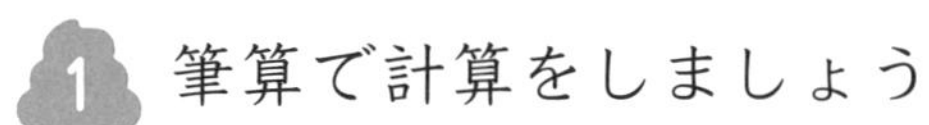

1 筆算で計算をしましょう。

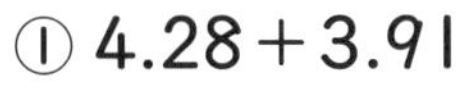

① 4.28＋3.91

② 0.23＋0.77

③ 32.45＋1.57

④ 0.328＋4.915

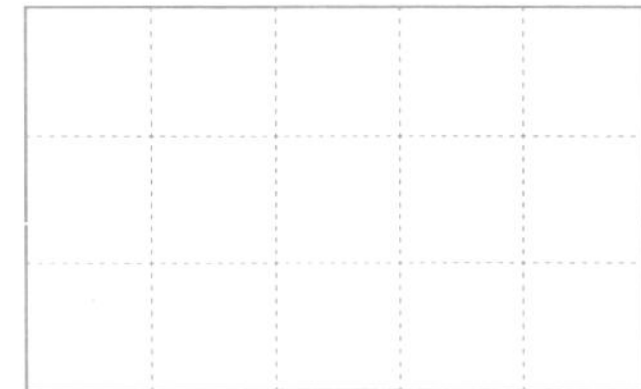

⑤ 45.23＋6.09

⑥ 2.954＋3.458

⑦ 0.239＋0.461

⑧ 13＋9.83

⑨ 4.8＋0.723

⑩ 0.092＋0.068

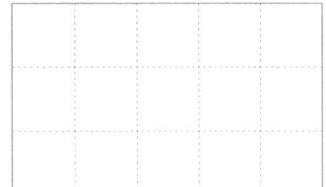

2 筆算で計算をしましょう。

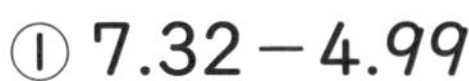
① 7.32－4.99

② 3.07－0.28

③ 57.21－4.7

④ 4.213－2.398

⑤ 6.231－5.965

⑥ 1－0.038

⑦ 10.2－8.34

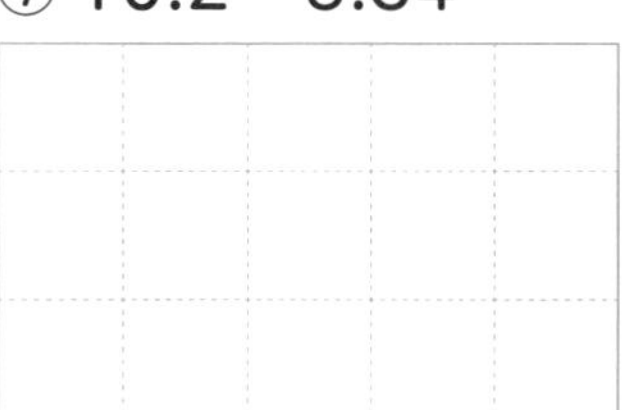

⑧ 31－0.86

小数のたし算とひき算がまじった計算

今日のせいせき
まちがいが
0~2こ
よくできたね！

6こ~
がんばれ

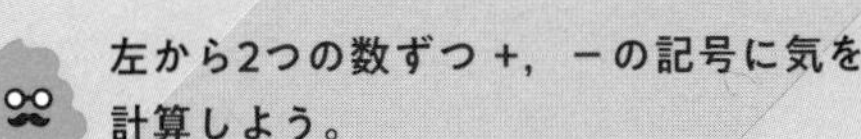

左から2つの数ずつ +，－の記号に気をつけて
計算しよう。

1 4.32＋17.8－12.53の筆算のしかたを考えます。

左から2つの数ずつ筆算で計算する。

		4.	3	2
＋	1	7.	8	
	2	2.	1	2

	2	2.	1	2
－	1	2.	5	3
		9.	5	9

2 筆算で計算をしましょう。

① 4.31＋3.98－0.57

```
  4.3 1
+ 3.9 8
───────
```

…続け（つづ）て計算しよう。

② 8－0.52－3.29

③ 8.5－0.87＋13.41

 筆算で計算をしましょう。

① 3.29－1.83＋12.7

② 10－0.92－4.38

③ 3.04＋9.28－10.55

テストに出るうんこ

決定版

キミならどの祭りに参加したい!?

日本10大うんこ祭り

4 だいだらうんこあげ祭り

たて横14mもあるうんこ型の大凧に大量のうんこをくくりつけて空へ。海外からも観光客が見に来るほど有名な祭りです。

8 かくにんテスト 1

点

今日のせいせき
まちがいが
0~2こ よくできたね！

3~5こ できたね
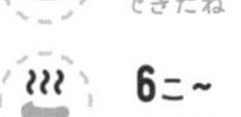
6こ~ がんばれ

1 筆算で計算をしましょう。〈1つ5点〉

①

	3.	0	6
+	4.	9	8

②

	3.	2	4
−	1.	8	7

③

	0.	3	7
+	0.	2	9

④

	5.	2	
−	4.	8	1

⑤

	5	2.	1	9
+	1	9.	4	2

⑥

	7.	2	5	4
−	4.	9	3	6

⑦

	0.	0	8	4
+	1.	0	1	6

⑧

	0.	3	5	4
+	4.	2	9	6

⑨

	3			
−	2.	5	4	3

⑩

	9.	0	9	2
−	8.	3	7	4

2 筆算で計算をしましょう。 〈1つ5点〉

① 3.09＋2.13

② 6.03－4.98

③ 3.295－2.836

④ 39.14＋3.8

⑤ 0.258＋0.442

⑥ 10－0.728

3 10.23－5.67＋12.09を，筆算で計算しましょう。 〈10点〉

4 次の祭りのうち，福男（ふくおとこ）がうんこを持ってにげ回るのは，どれですか。 〈10点〉

あ うんこ転がし祭り

い 福のうんこ祭り

う だいだら
うんこあげ祭り

小数×整数の計算

今日のせいせき
まちがいが
0~2こ よくできたね！
3~5こ できたね
6こ~ がんばれ

小数×整数の計算は，整数のかけ算を使ってできるよ。

1 0.4×9の計算を2通りの方法で考えます。

● 0.1をもとにして計算する。

0.4は0.1が［4］こ。

0.4×9は，

0.1が［4×9=36］(こ)。

だから，0.4×9=［3.6］

● 0.4を10倍した，4×9の積を使う。

0.4×9=［?］
10倍　10倍　$\frac{1}{10}$（10でわる）
4 ×9=36

0.4×9の積は，4×9の積を10でわれば求められる。

0.4×9=［3.6］

2 計算をしましょう。

① 0.7×6

② 0.8×3

③ 0.5×5

④ 0.2×6

⑤ 0.6×8

⑥ 0.4×7

⑦ 0.3×8

⑧ 0.9×4

 計算をしましょう。

① 0.2×9　　② 0.9×5

③ 0.7×8　　④ 0.3×7

⑤ 0.4×4　　⑥ 0.8×5

⑦ 0.6×4　　⑧ 0.5×3

キミならどの祭りに参加したい!?

日本10大うんこ祭り

5

海中うんこ拾い祭り

すいかと大量のうんこを乗せた「うんこ船」を海にうかべます。そして，うんこ船から海へ落としたうんこを，「海男」たちが全部拾い集めます。

小数×整数の筆算①

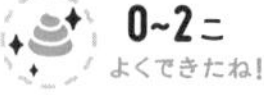

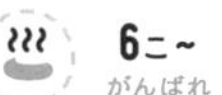

今日のせいせき
まちがいが
0~2こ よくできたね！
3~5こ できたね
6こ~ がんばれ

小数のかけ算の筆算は，右にそろえて書くよ。
小数のたし算やひき算のように，
位(くらい)をそろえて書かないよ。気をつけよう。

1 2.8×7の筆算のしかたを考えます。

❶小数点を考えないで，右にそろえて書く。

❷整数のかけ算と同じように計算する。

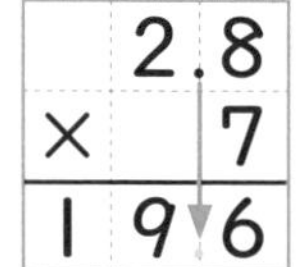

❸かけられる数にそろえて，積(せき)の小数点をうつ。

2 筆算で計算をしましょう。

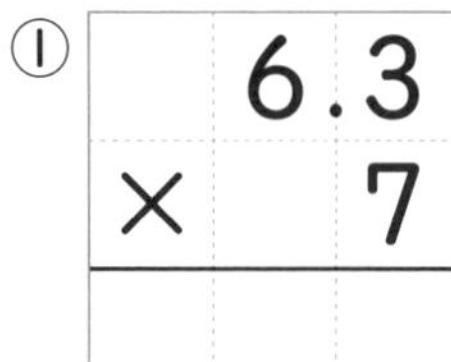

① 6.3 × 7

② 1.7 × 3

③ 12.8 × 6

④ 21.5 × 9

⑤ 17.8 × 4

⑥ 4.6 × 32

⑦ 83.9 × 15

3 筆算で計算をしましょう。

① 2.6×8

② 9.1×4

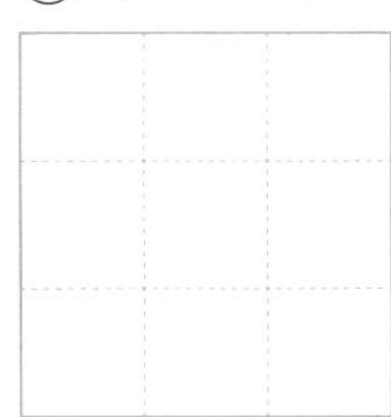

③ 32.7×6

④ 50.4×7

⑤ 51.7×9

⑥ 60.2×48

⑦ 74.3×35

うんこ文章題にチャレンジ！ 3

たての長さ3.4m，横の長さ7mの長方形の形をしたかべ全体に，うんこの絵がかいてあります。

かべの面積は何m^2ですか。

筆算

式

答え ＿＿＿＿＿＿＿＿

小数×整数の筆算②

今日のせいせき まちがいが
0~2こ よくできたね!
3~5こ できたね
6こ~ がんばれ

$\frac{1}{100}$の位までの小数になっても，$\frac{1}{10}$の位までの小数と筆算のしかたは同じだよ。

1 2.83×7の筆算のしかたを考えます。

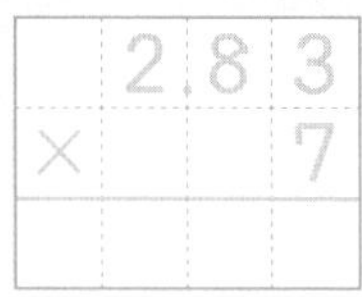

❶小数点を考えないで，右にそろえて**書く**。

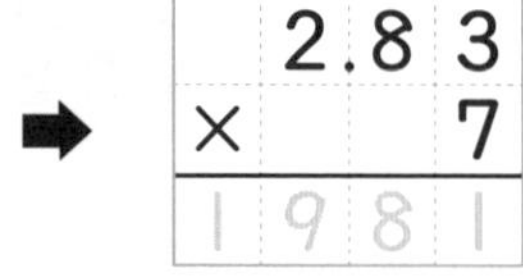

❷整数のかけ算と同じように**計算する**。

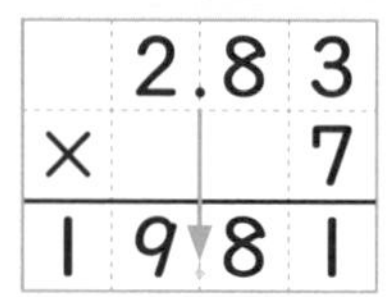

❸かけられる数にそろえて，積の小数点を**うつ**。

2 筆算で計算をしましょう。

① 5.34 × 2

② 4.68 × 6

③ 8.73 × 5

④ 7.09 × 3

⑤ 1.62 × 26

⑥ 2.09 × 71

3 筆算で計算をしましょう。

① 8.35×9

② 1.24×7

③ 5.27×6

④ 0.23×9

⑤ 7.36×18

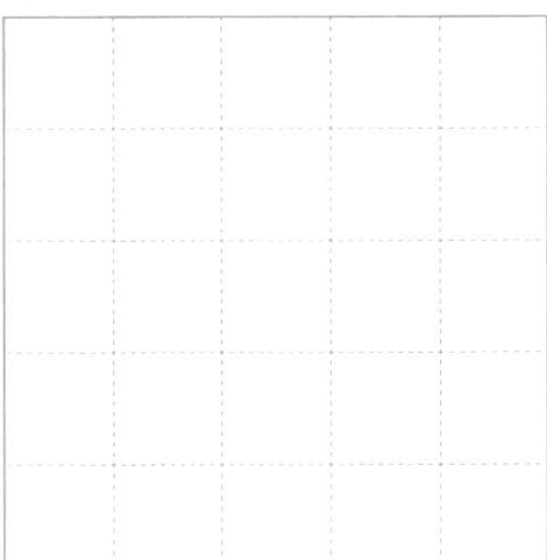

⑥ 5.04×96

12 小数×整数の筆算③

今日のせいせき
まちがいが

0~2こ よくできたね！

3~5こ できたね

6こ~ がんばれ

答えの大きさを考えて，
筆算の答えを正しく書く練習をするよ。

1 0.17×3，1.25×8の筆算のしかたを考えます。

	0.	1	7
×			3
	0.	5	1

一の位に0を書いて小数点をうつ。

	1.	2	5
×			8
1	0.	0	0

10.00は10と同じ大きさだから，
0を＼で消す。

2 筆算で計算をしましょう。

①

	7.	6
×		5

②

	6.	5
×		2

③

	3	2.	4
×			5

④

		2	5.	6
	×		8	0

⑤

	0.	2	9
×			3

⑥

	3.	0	5
×		1	6

⑦

	3.	4	8
×		2	5

3 筆算で計算をしましょう。

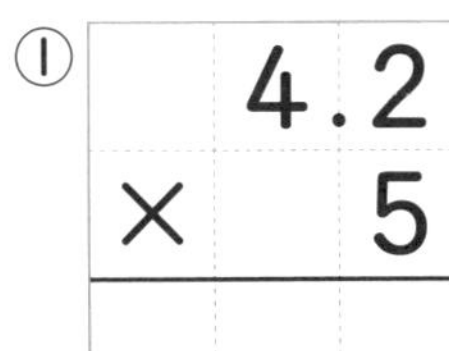

① 4.2×5

② 7.8×5

③ 4.35×4

④ 5.03×70

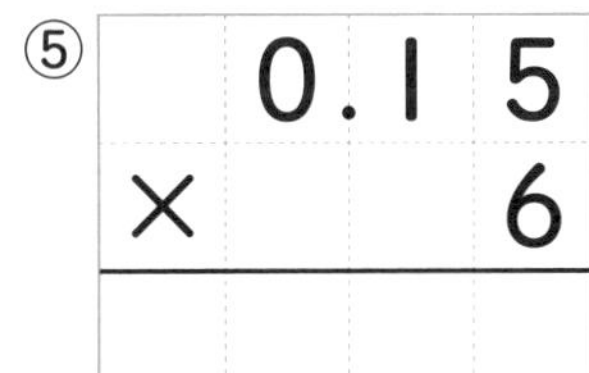

⑤ 0.15×6

⑥ 2.05×48

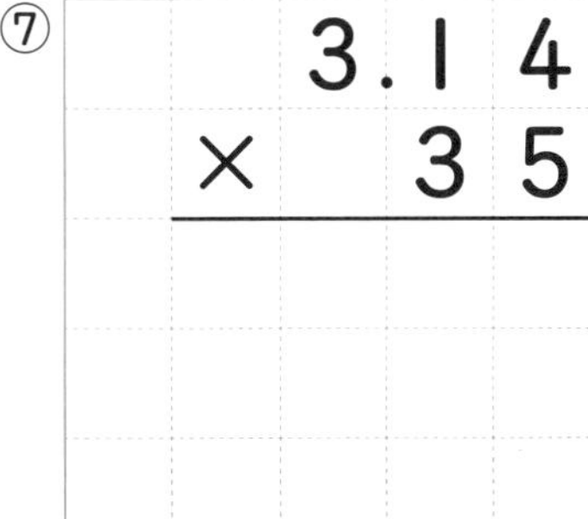

⑦ 3.14×35

うんこ文章題にチャレンジ! 4

水をよくすううんこ「スポンジーうんこ」が発売されました。スポンジーうんこ1こで0.23Lの水をすい取ります。

スポンジーうんこ4こでは、何Lの水をすい取ることができますか。

筆算

式

答え

13 小数÷整数の計算

今日のせいせき
まちがいが
0~2こ よくできたね!
3~5こ できたね
6こ~ がんばれ

小数÷整数の計算は，整数のわり算を使ってできるよ。

1 2.4÷3の計算を2通りの方法(ほうほう)で考えます。

●0.1をもとにして計算する。

2.4は0.1が［24］こ。

2.4÷3は，

0.1が［24÷3=8］(こ)。

だから，2.4÷3=［0.8］

●2.4を10倍した，24÷3の商を使う。

2.4÷3= ？
↓10倍　↓10倍　$\frac{1}{10}$ (10でわる)
24÷3= 8

2.4÷3の商は，24÷3の商を10でわれば求(もと)められる。

2.4÷3=［0.8］

2 計算をしましょう。

① 1.8÷2　　② 3.6÷6

③ 6.4÷8　　④ 9.6÷3

⑤ 4.8÷4　　⑥ 2.1÷7

⑦ 2÷5　　⑧ 0.63÷9

⑦ 2は0.1が何こか考えるのじゃ。

 計算をしましょう。

① 1.8÷6

② 4÷5

③ 7.2÷9

④ 6.3÷3

⑤ 3.2÷4

⑥ 3÷6

⑦ 1.4÷7

⑧ 0.64÷8

テストに出るうんこ

決定版

日本10大うんこ祭り

キミならどの祭りに参加したい!?

6 うんこねぶた

マイうん庫

うんこねぶた

UNCORP

うんこ

高さ10mをこすカラフルなうんこの模型（うんこねぶた）を男たちがおして、街の中を練り歩きます。うんこねぶたの数は100台以上。大迫力の祭りです。

小数÷整数の筆算①

今日のせいせき
まちがいが
0~2こ よくできたね！
3~5こ できたね
6こ~ がんばれ

小数のわり算の筆算は，整数のわり算と同じように，上の位から順に計算するよ。

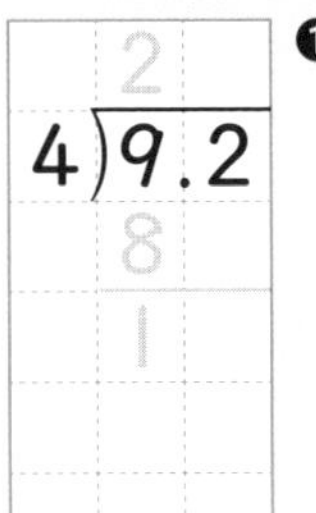

1 9.2÷4の筆算のしかたを考えます。

❶9÷4で2をたてる。 ➡ ❷わられる数の小数点にそろえて，商の小数点をうつ。 ➡ ❸2をおろして，12÷4で3をたてる。

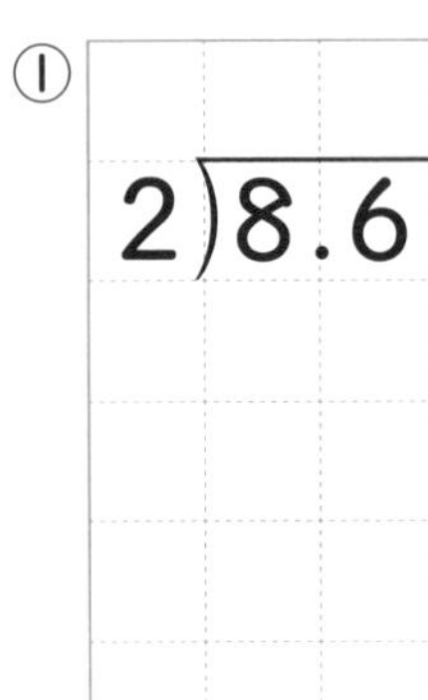

2 筆算で計算をしましょう。

① 2)8.6　② 3)8.1　③ 5)42.5

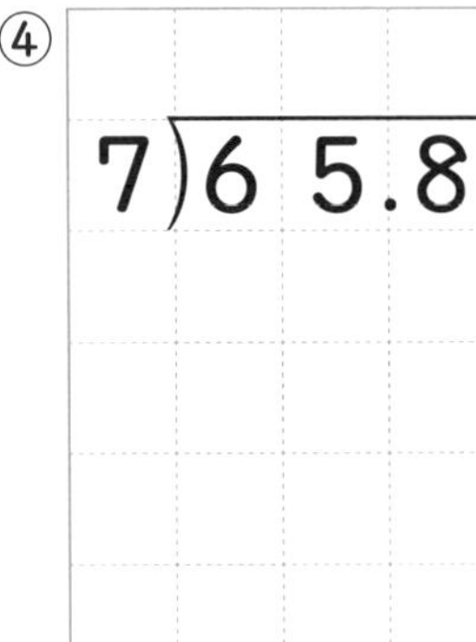

④ 7)65.8　⑤ 12)75.6　⑥ 24)88.8

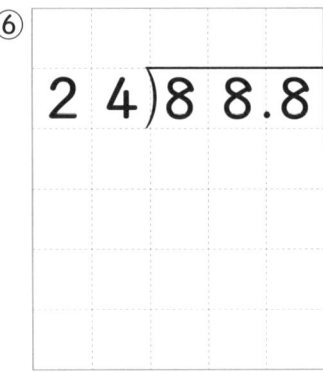

3 筆算で計算をしましょう。

①

②

③
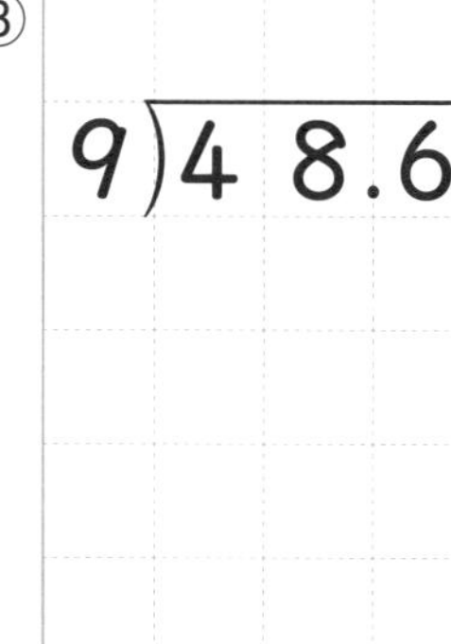

④ 18)97.2

⑤ 27)70.2

⑥
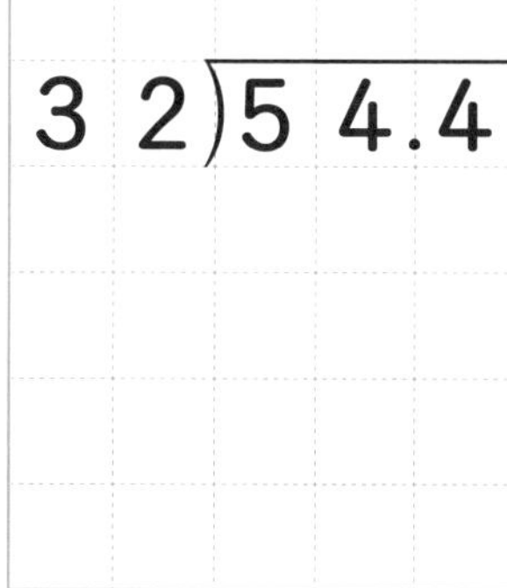

小数÷整数の筆算②

今日のせいせき
まちがいが
 0~2こ よくできたね！
 3~5こ できたね
 6こ~ がんばれ

 $\frac{1}{100}$の位までの小数になっても，$\frac{1}{10}$の位までの小数と筆算のしかたは同じだよ。

1 1.96÷7の筆算のしかたを考えます。

7)1.96 → 0.

❶1÷7で一の位に商がたたないから，一の位に0を書いて小数点をうつ。

➡

7)1.96 → 0.2、14、5

❷19÷7で2をたてる。

➡

7)1.96 → 0.28、14、56、56、0

❸6をおろして，56÷7で8をたてる。

2 筆算で計算をしましょう。

① 8)9.92

② 4)5.84

③ 2)1.34

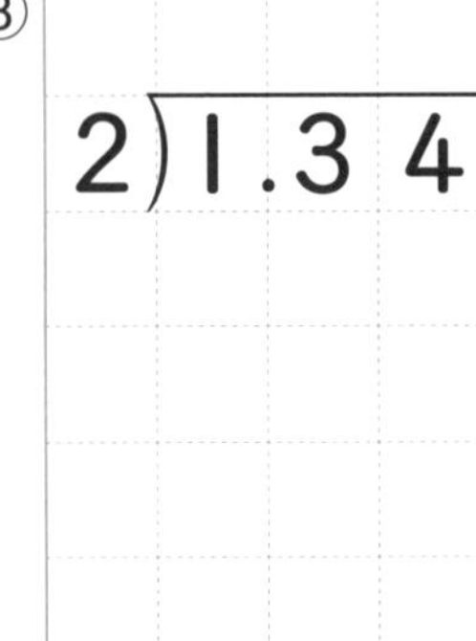

④ 23)8.74

⑤ 18)4.68

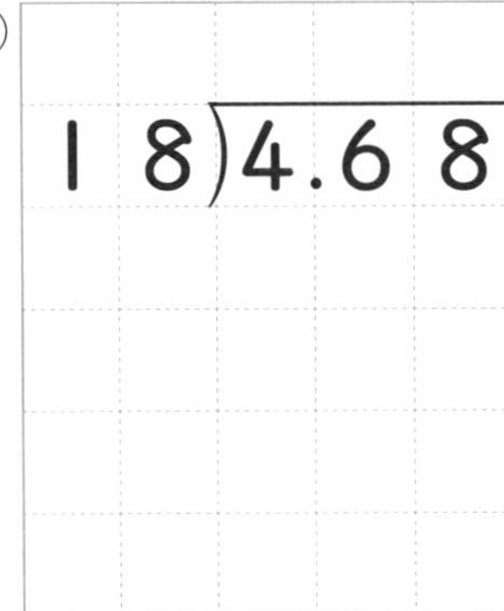

⑥ 45)4.05

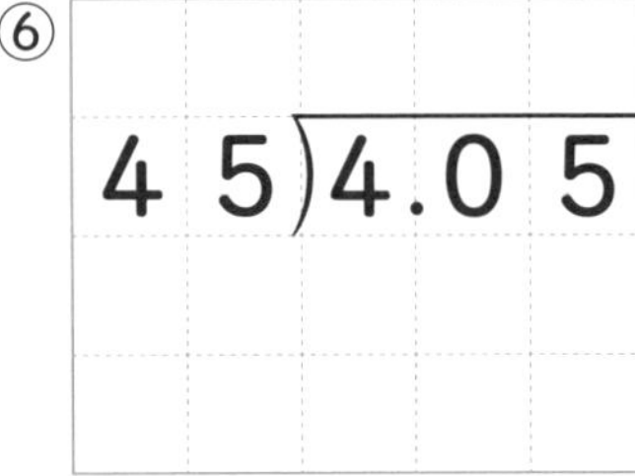

3 筆算で計算をしましょう。

① $6\overline{)8.22}$

② $3\overline{)9.57}$

③ $5\overline{)4.85}$

④ $27\overline{)2.16}$

⑤ $32\overline{)1.92}$

⑥ $9\overline{)0.522}$

うんこ文章題にチャレンジ！ 5

男子12人で遊んでいると，校長先生がうんこを1.08kg置いていってくれました。
等分すると，1人分は何kgになりますか。

筆算

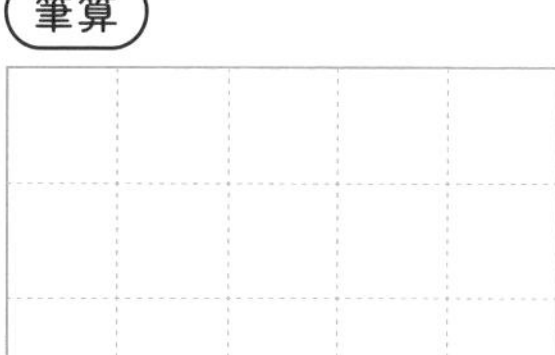

式

答え ＿＿＿＿＿＿＿＿

小数÷整数の筆算③

今日のせいせき
まちがいが
0~2こ よくできたね!
3~5こ できたね
6こ~ がんばれ

小数のわり算であまりをだすよ。
あまりの大きさに注意しよう。

1 37.6÷3の商を一の位まで求め，あまりもだします。

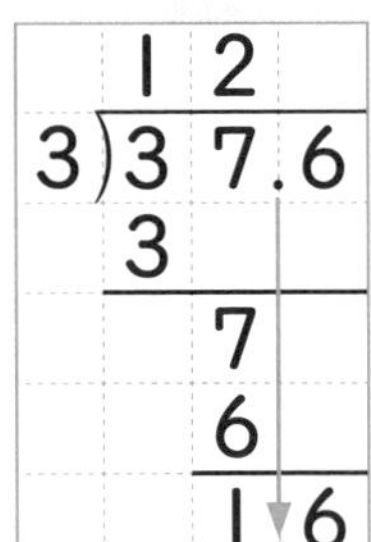

あまりの小数点は，わられる数の小数点にそろえてうつ。

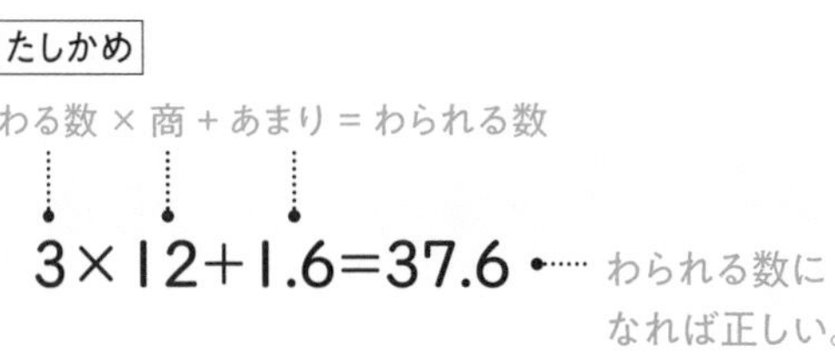

たしかめ
わる数 × 商 + あまり = わられる数
3×12+1.6=37.6
わられる数になれば正しい。

2 商を一の位まで求め，あまりもだしましょう。

① 4)74.3

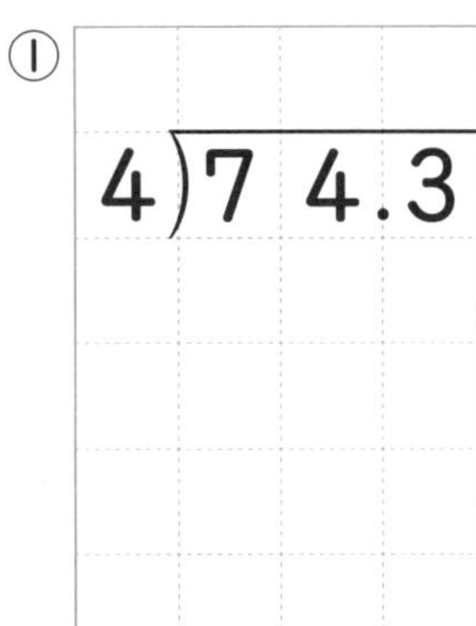

② 6)78.3

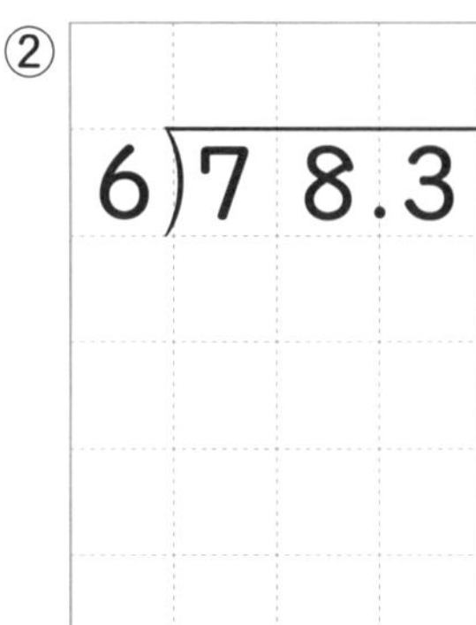

③ 7)84.8

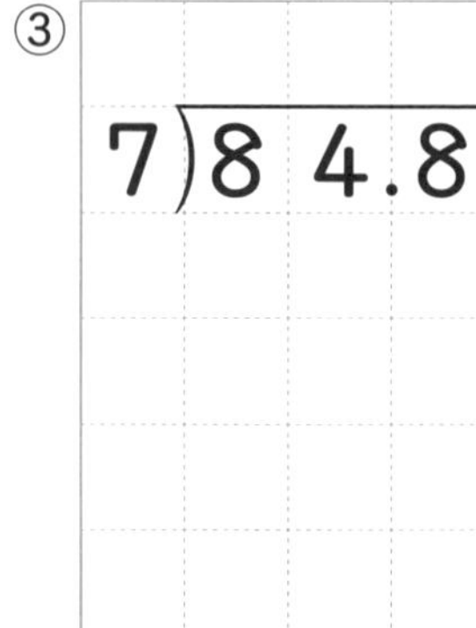

④ 3)29.8

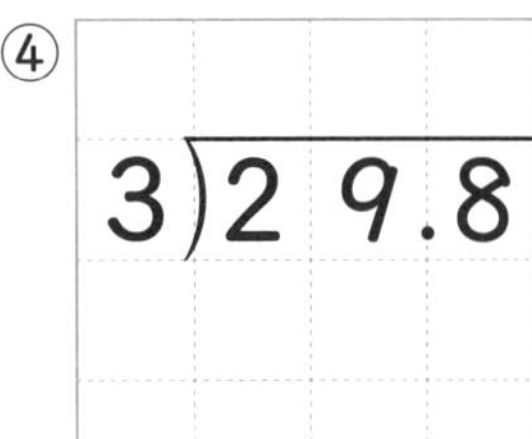

⑤ 9)32.5

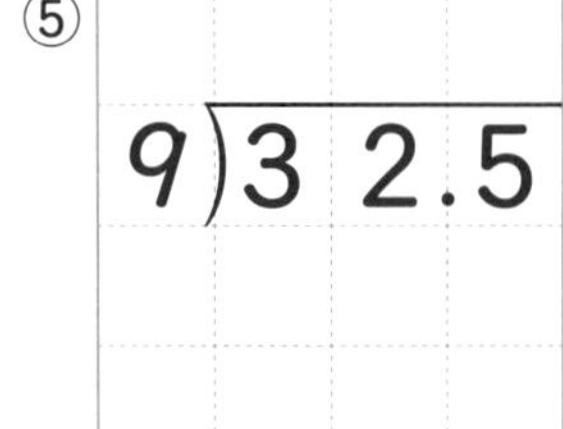

⑥ 5)35.8

⑦ 14)85.8

⑧ 36)75.1

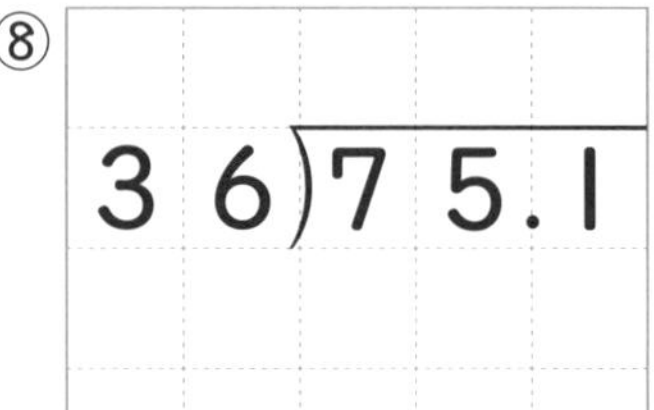

⑨ 23)92.7

 商を次の位(くらい)まで求(もと)め，あまりもだしましょう。

① 一の位

4)73.2

② $\frac{1}{10}$の位

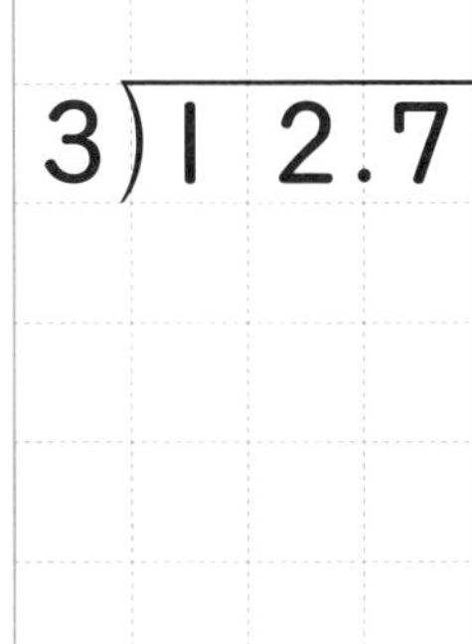

3)12.7

③ $\frac{1}{10}$の位

18)43.1

④ 一の位

7)51.3

⑤ 一の位

9)64.7

⑥ $\frac{1}{10}$の位

5)4.7

⑦ 一の位

14)85.3

⑧ 一の位

22)88.8

⑨ $\frac{1}{10}$の位

41)14.7

小数÷整数の筆算④

わりきれるまで計算するよ。0をつけたして計算を続(つづ)けよう。

1 1.8÷4, 32÷5をわりきれるまで計算します。

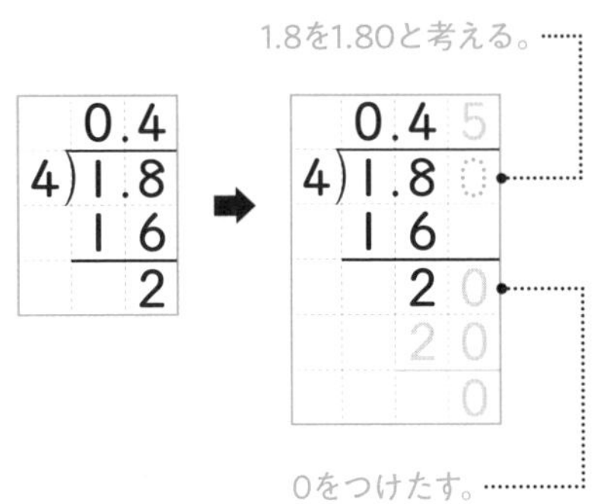

1.8を1.80と考える。
0をつけたす。

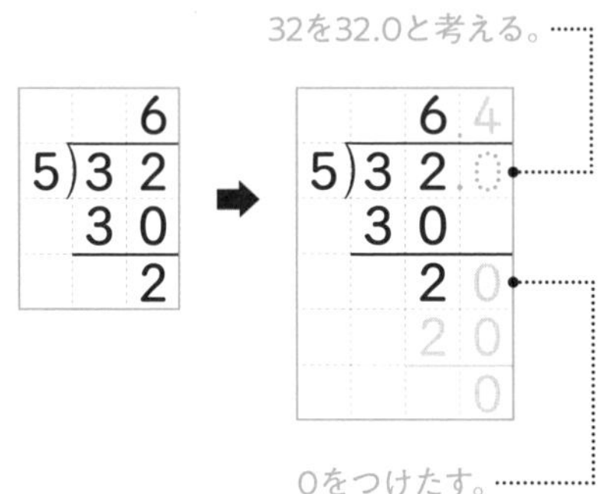

32を32.0と考える。
0をつけたす。

2 わりきれるまで計算をしましょう。

① 

② 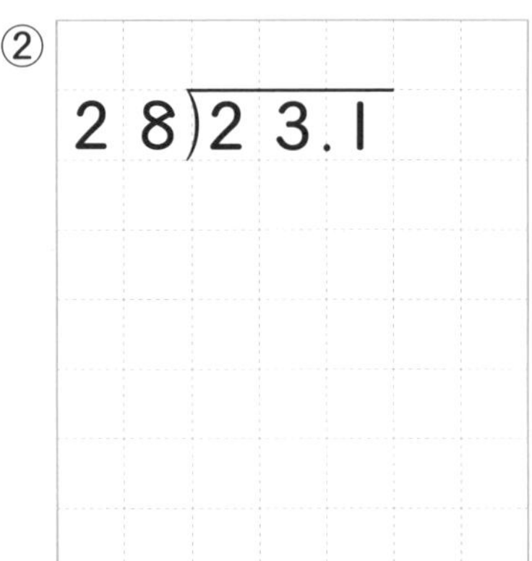

③ 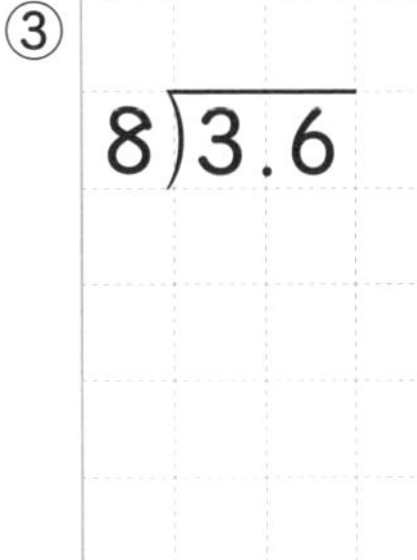

④ 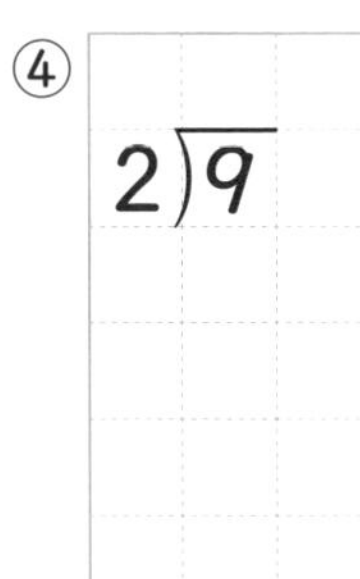

⑤ 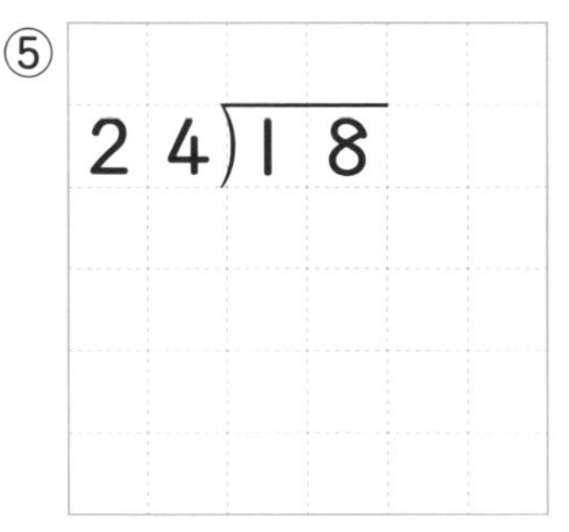

3 わりきれるまで計算をしましょう。

①

②

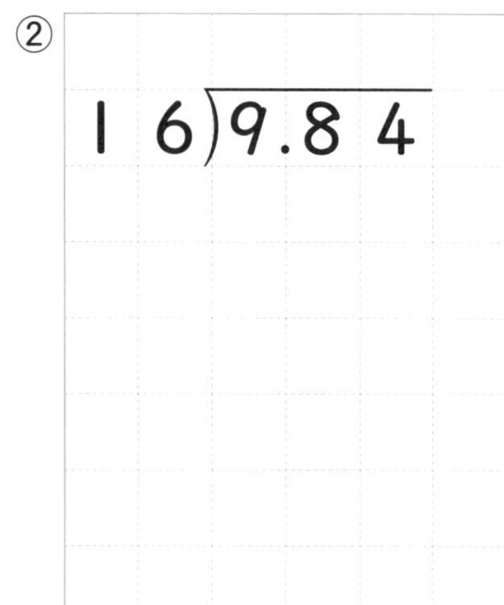

③

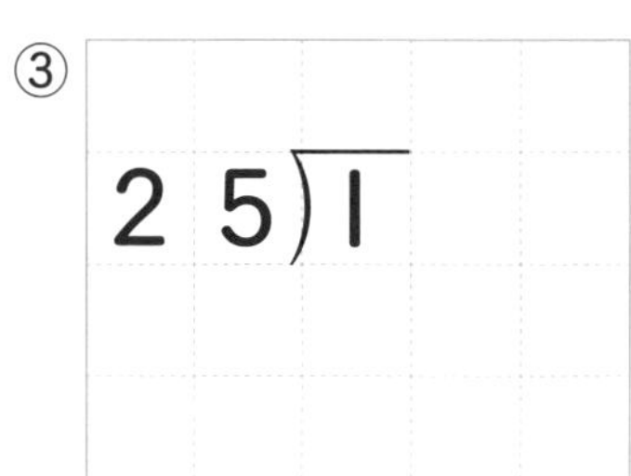

④

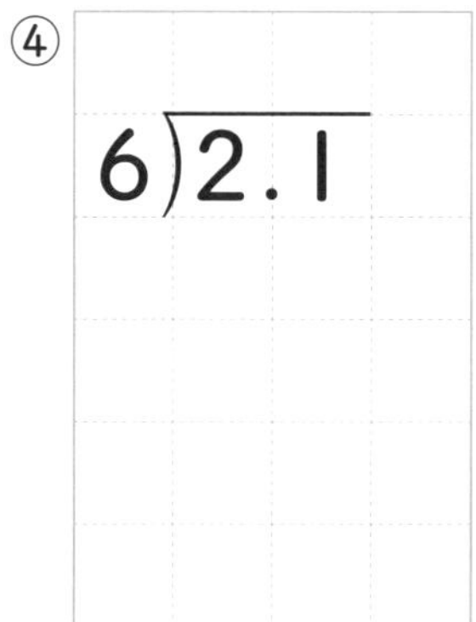

うんこ文章題にチャレンジ！ 6

うんこのかたまりと，長さ1mのぼうを手に入れました。

ぼうを4等分に切って，うんこにつきさし，図のようにしたいです。

ぼうは1本何mになりますか。

筆算

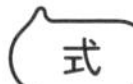

答え ＿＿＿＿＿＿＿＿

18 小数÷整数の筆算⑤

今日のせいせき まちがいが
0~2こ よくできたね！
3~5こ できたね
6こ~ がんばれ

商をがい数で求めるよ。四捨五入して，がい数にする方法は覚えているかな？

1 18÷7の商を四捨五入して，次のがい数で求めます。

$\frac{1}{10}$の位までのがい数

```
   2.5 7   ← 6
7)1 8
  1 4
    4 0
    3 5
      5 0
      4 9
        1
```

1つ下の$\frac{1}{100}$の位の7を四捨五入する。

商を求めるので，ここは1のままでよい。

上から2けたのがい数

```
   2.5 7   ← 6
7)1 8
  1 4
    4 0
    3 5
      5 0
      4 9
        1
```

1つ下の上から3けた目の7を四捨五入する。

2 商を四捨五入して，$\frac{1}{10}$の位までのがい数で求めましょう。

① 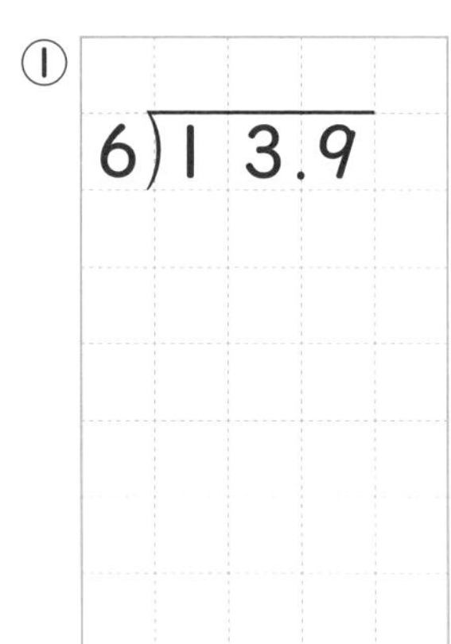

$6\overline{)13.9}$

② 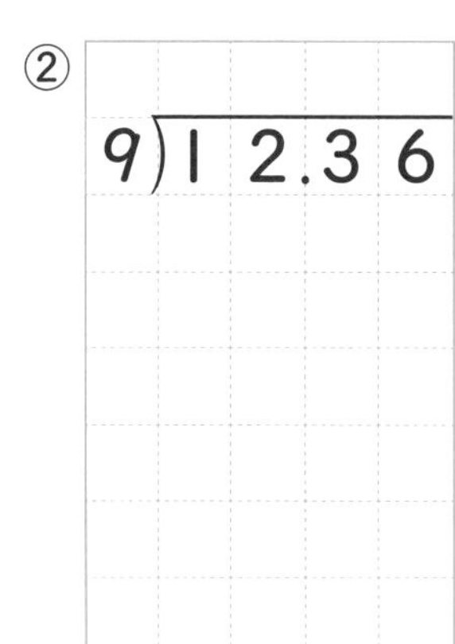

$9\overline{)12.36}$

③ $12\overline{)44.8}$

④ 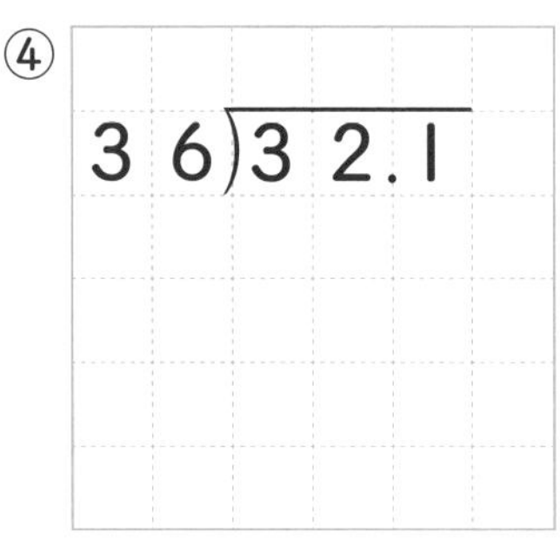

$36\overline{)32.1}$

3 商を四捨五入して，上から2けたのがい数で求めましょう。

① 4)13.9

② 7)9.33

③ 23)70.4

テストに出るうんこ
決定版
キミならどの祭りに参加したい!?
日本10大うんこ祭り

7 ぶりぶりうんこ山とびこみ祭り

ぶりぶりうんこ山とびこみ祭り

うんこで作った山に，みんなで次々に頭から飛び込んでいきます。

このときの「よっしゃらほ〜い。うんこでほ〜い」というさけび声が有名です。

19 かくにんテスト 2

点

今日のせいせき
まちがいが
0~2こ よくできたね!

3~5こ できたね
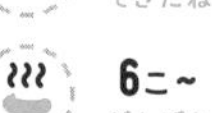
6こ~ がんばれ

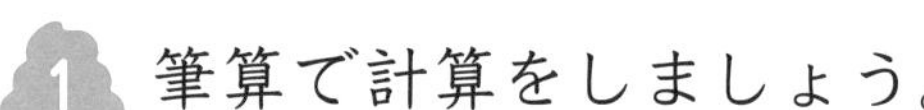

〈1つ5点〉

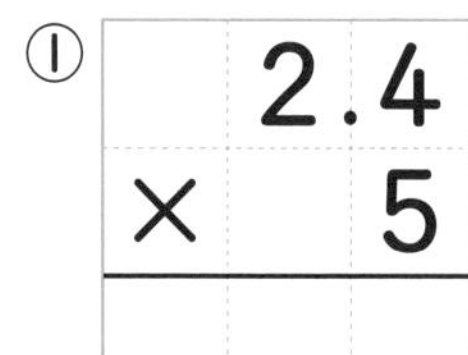

② 1.7 × 9

③ 1.29 × 3

④ 0.13 × 7

⑤ 3.26 × 75

2 わりきれるまで計算をしましょう。 〈1つ5点〉

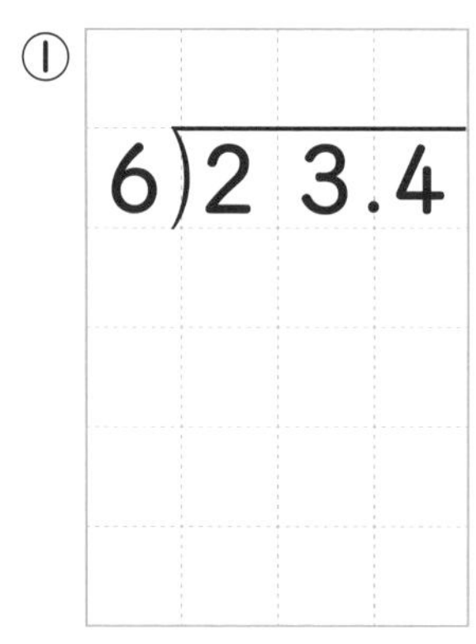

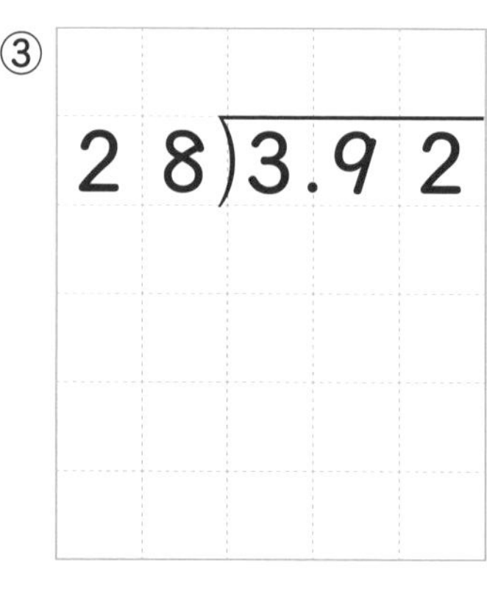

3 商を次の位(くらい)まで求(もと)めて，あまりもだしましょう。〈1つ5点〉

① 一の位

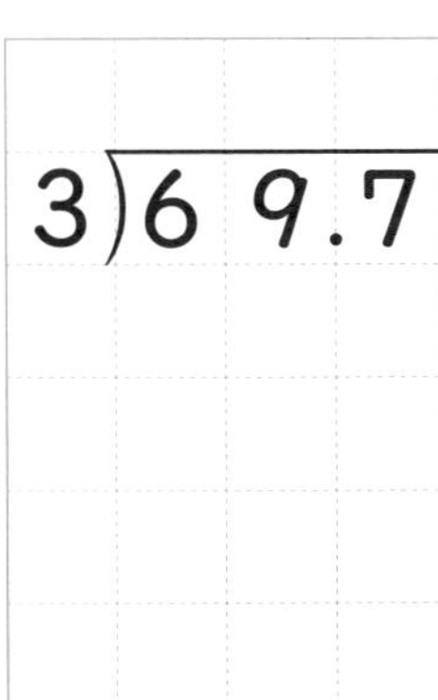

② 一の位

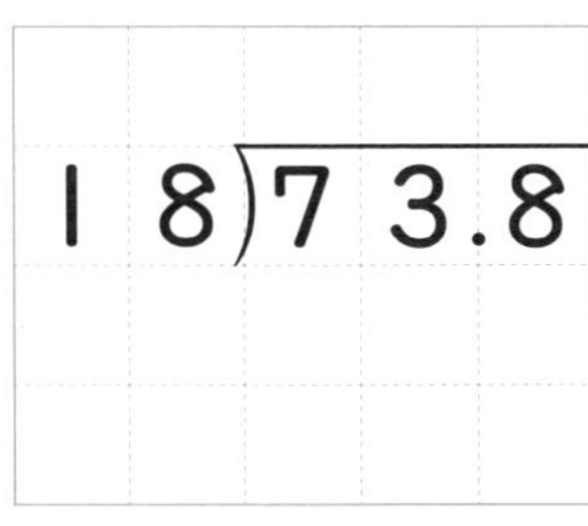

③ $\frac{1}{10}$の位

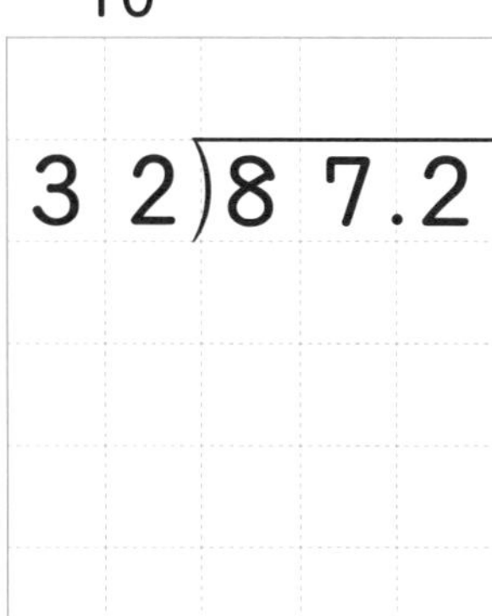

4 ①は，わりきれるまで計算をしましょう。②は，商を四捨五入(ししゃごにゅう)して，上から2けたのがい数で求めましょう。〈1つ10点〉

①

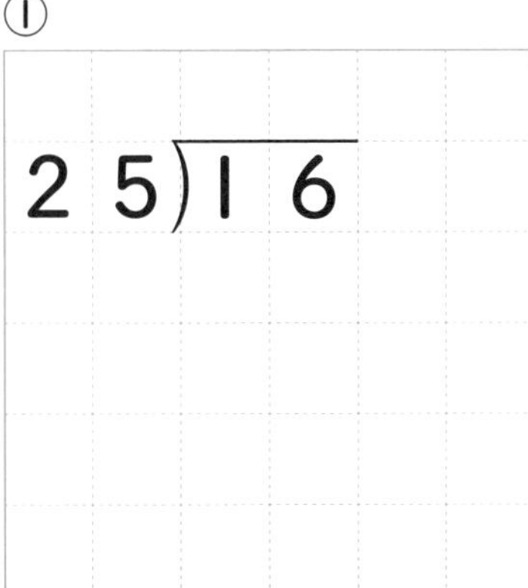

②

3)7.42

5 次のうんこ祭りの名前は何ですか。〈25点〉

あ うんこねぶた

い 海中うんこ拾い祭り

う ぶりぶりうんこ山とびこみ祭り

分数の表し方・分数の大きさ

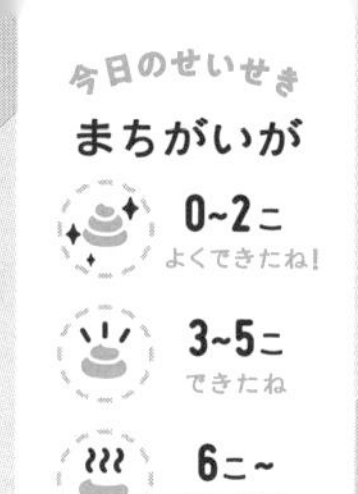

分数の表し方や分子が同じ分数について練習するよ。

1 分数の表し方となおし方を学びます。

- $\frac{1}{3}$や$\frac{3}{5}$のように，分子が分母より小さい分数を**真分数**（しんぶんすう）という。
- $\frac{3}{3}$や$\frac{14}{5}$のように，分子と分母が同じか，分子が分母より大きい分数を**仮分数**（かぶんすう）という。
- $1\frac{1}{3}$や$2\frac{3}{5}$のように，整数と真分数の和で表されている分数を**帯分数**（たいぶんすう）という。
- 仮分数$\frac{14}{5}$を帯分数になおす。

$\frac{14}{5}$ → 14÷5＝2 あまり4　　$\frac{14}{5}=2\frac{4}{5}$

- 帯分数$2\frac{3}{5}$を仮分数になおす。

$2\frac{3}{5}$ → 5×2+3＝13　　$2\frac{3}{5}=\frac{13}{5}$

2 次の仮分数は帯分数か整数に，帯分数は仮分数になおしましょう。

① $\frac{13}{4}$　　② $\frac{24}{8}$　　③ $1\frac{5}{6}$　　④ $4\frac{1}{10}$

3 □にあてはまる等号や不等号（ふとうごう）を書きましょう。

① $\frac{14}{6}$ □ $2\frac{1}{6}$　　② $4\frac{3}{10}$ □ $\frac{43}{10}$

③ 2 □ $\frac{20}{9}$　　④ $\frac{7}{5}$ □ $1\frac{1}{5}$

仮分数か帯分数になおしてくらべるのじゃ。

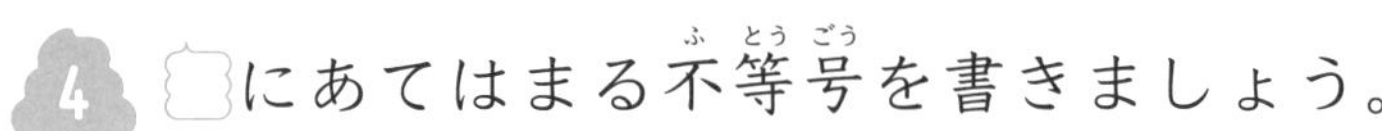

4 □にあてはまる不等号を書きましょう。

① $\frac{1}{5}$ □ $\frac{1}{6}$　② $\frac{6}{9}$ □ $\frac{6}{8}$

③ $\frac{3}{6}$ □ $\frac{3}{7}$　④ $\frac{2}{5}$ □ $\frac{2}{4}$

⑤ $\frac{7}{10}$ □ $\frac{7}{9}$　⑥ $\frac{4}{6}$ □ $\frac{4}{9}$

どれも分子は
同じじゃぞ。
分母を見くらべて
みるのじゃ。

テストに出るうんこ

決定版

キミならどの祭りに参加したい!?

日本10大うんこ祭り

8 お笠うんこの儀

千年以上も前から京都で行われている、
年に一度の大きなお祭りです。「おかさ」と呼ばれる
笠に自分のうんこをのせて，約2時間，おどりくるいます。

分数のたし算・ひき算

今日のせいせき
まちがいが

0~2こ よくできたね!

3~5こ できたね
6こ~ がんばれ

真分数(しんぶんすう)や仮分数(かぶんすう)のたし算とひき算をするよ。

1 $\frac{3}{5}+\frac{4}{5}$の計算のしかたを考えます。

$\frac{1}{5}$の何こ分になるかを考える。

$\frac{3}{5}+\frac{4}{5}$は，$\frac{1}{5}$が(3+4)こ分だから，$\frac{3}{5}+\frac{4}{5}=\frac{7}{5}$。

分母が同じ分数のたし算やひき算は，
分母はそのままにして，分子だけを計算する。

2 計算をしましょう。

① $\frac{5}{4}+\frac{2}{4}$

② $\frac{3}{6}+\frac{4}{6}$

③ $\frac{3}{8}+\frac{9}{8}$

④ $\frac{6}{5}+\frac{7}{5}$

⑤ $\frac{6}{7}+\frac{3}{7}$

⑥ $\frac{5}{2}-\frac{1}{2}$

⑦ $\frac{14}{9}-\frac{5}{9}$

⑧ $\frac{10}{6}-\frac{5}{6}$

⑨ $\frac{9}{8}-\frac{5}{8}$

⑩ $\frac{7}{3}-\frac{5}{3}$

3 計算をしましょう。

① $\frac{3}{2}+\frac{4}{2}$

② $\frac{2}{7}+\frac{6}{7}$

③ $\frac{5}{4}+\frac{6}{4}$

④ $\frac{5}{11}+\frac{7}{11}$

⑤ $\frac{5}{6}+\frac{2}{6}$

⑥ $\frac{4}{3}+\frac{5}{3}$

⑦ $\frac{10}{9}-\frac{3}{9}$

⑧ $\frac{10}{8}-\frac{3}{8}$

⑨ $\frac{7}{5}-\frac{2}{5}$

⑩ $\frac{13}{10}-\frac{6}{10}$

⑪ $\frac{7}{3}-\frac{1}{3}$

⑫ $\frac{11}{6}-\frac{2}{6}$

うんこ文章題にチャレンジ！ 7

高さ$\frac{9}{7}$mのうんこの上から，高さ$\frac{3}{7}$mのうんこの上に飛びおりました。

何m飛びおりたことになりますか。

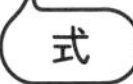

帯分数(たいぶんすう)のたし算

帯分数のたし算は，２通りの計算のしかたがあるよ。
好きなほうでやろう。

1 $1\frac{3}{5}+2\frac{1}{5}$の計算のしかたを考えます。

- 整数部分と分数部分に分けて計算する。

$1\frac{3}{5}+2\frac{1}{5}=3\frac{4}{5}$

(③+①)　(1+2)

- 仮分数(かぶんすう)になおして計算する。

$1\frac{3}{5}+2\frac{1}{5}=\frac{8}{5}+\frac{11}{5}=\frac{19}{5}$

2 計算をしましょう。

① $1\frac{2}{5}+2\frac{1}{5}$

② $3\frac{3}{7}+2\frac{2}{7}$

③ $2\frac{1}{4}+\frac{2}{4}$

④ $\frac{1}{6}+3\frac{2}{6}$

⑤ $1\frac{3}{8}+2\frac{5}{8}$

⑥ $2\frac{2}{3}+3\frac{2}{3}$

⑦ $2\frac{1}{6}+3\frac{2}{6}$

⑧ $2\frac{7}{8}+1\frac{6}{8}$

⑨ $3\frac{1}{9}+2\frac{3}{9}$

分数部分が仮分数に
なったら，１くり上げるぞい。

3 計算をしましょう。

① $2\frac{1}{3}+1\frac{1}{3}$

② $1\frac{3}{9}+1\frac{2}{9}$

③ $2\frac{3}{8}+\frac{4}{8}$

④ $2\frac{2}{4}+3\frac{3}{4}$

⑤ $\frac{3}{5}+2\frac{2}{5}$

⑥ $3\frac{3}{4}+1\frac{1}{4}$

テストに出るうんこ
決定版
日本10大うんこ祭り
キミならどの祭りに参加したい!?

9 舞美礼祭

毎年，数万人の中から選ばれた7人の女性が，
美しいおどりを舞います。そのおどりを見ながら，
男たちがうんこまみれになって走り回る，という一風変わった祭りです。

23

帯分数のひき算

今日のせいせき
まちがいが

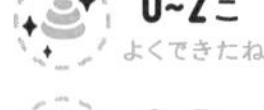
0~2こ よくできたね!

3~5こ できたね

6こ~ がんばれ

帯分数のひき算も，帯分数のたし算と同じ考え方でできるよ。

1 $3\frac{2}{6}-1\frac{5}{6}$の計算のしかたを考えます。

● 整数部分と分数部分に分けて計算する。

分数部分がひけないから1くり下げる。

$3\frac{2}{6}-1\frac{5}{6}=\boxed{2}\frac{⑧}{6}-\boxed{1}\frac{⑤}{6}=1\frac{3}{6}$

(⑧−⑤)

($\boxed{2}-\boxed{1}$)

● 仮分数になおして計算する。

$3\frac{2}{6}-1\frac{5}{6}=\frac{20}{6}-\frac{11}{6}=\frac{9}{6}$

2 計算をしましょう。

① $2\frac{4}{5}-1\frac{1}{5}$

② $3\frac{5}{6}-2\frac{2}{6}$

③ $3\frac{1}{2}-2$

④ $1\frac{2}{9}-\frac{5}{9}$

⑤ $2\frac{3}{7}-1\frac{5}{7}$

⑥ $1\frac{1}{6}-\frac{5}{6}$

⑦ $2\frac{2}{3}-\frac{1}{3}$

⑧ $3-\frac{3}{8}$

⑨ $3\frac{2}{4}-\frac{3}{4}$

⑩ $2\frac{1}{5}-\frac{3}{5}$

3 計算をしましょう。

① $3-\frac{1}{2}$

② $3\frac{4}{6}-2\frac{2}{6}$

③ $2\frac{1}{3}-1\frac{2}{3}$

④ $3\frac{1}{5}-2$

⑤ $2\frac{3}{4}-1\frac{2}{4}$

⑥ $3\frac{2}{8}-\frac{5}{8}$

テストに出るうんこ
決定版
日本10大うんこ祭り
キミならどの祭りに参加したい!?
10 御うんこ様祭り
山の頂上から巨大なうんこをすべり落とし、
祭りの参加者たちは必死でそのうんこにしがみつきます。
「最後までうんこにしがみつけていた者は富と名声を手にする」と言われています。

24 かくにんテスト 3

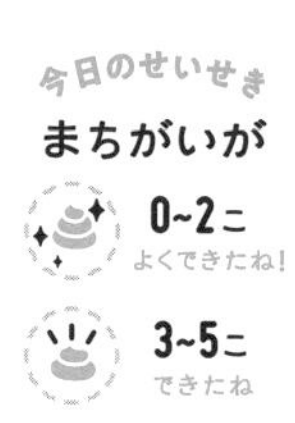

点

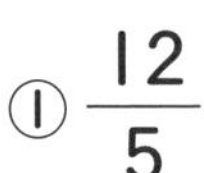

1 次の仮分数は帯分数か整数に，帯分数は仮分数になおしましょう。〈1つ3点〉

① $\frac{12}{5}$　　② $\frac{18}{6}$

③ $\frac{22}{7}$　　④ $2\frac{2}{3}$

⑤ $1\frac{1}{4}$　　⑥ $2\frac{3}{7}$

2 □にあてはまる等号や不等号を書きましょう。〈1つ3点〉

① $\frac{5}{9}$ □ $\frac{5}{10}$　　② $2\frac{1}{3}$ □ $\frac{8}{3}$

③ $\frac{6}{7}$ □ $\frac{6}{9}$　　④ $\frac{10}{5}$ □ 2

⑤ $1\frac{5}{8}$ □ $\frac{10}{8}$　　⑥ $\frac{3}{5}$ □ $\frac{3}{4}$

⑦ $\frac{1}{8}$ □ $\frac{1}{7}$　　⑧ 3 □ $\frac{11}{4}$

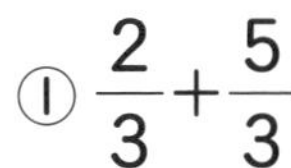

計算をしましょう。

〈1つ3点〉

① $\frac{2}{3}+\frac{5}{3}$

② $\frac{3}{4}+\frac{5}{4}$

③ $\frac{10}{7}+\frac{3}{7}$

④ $\frac{8}{5}-\frac{2}{5}$

⑤ $\frac{9}{7}-\frac{1}{7}$

⑥ $\frac{10}{6}-\frac{4}{6}$

⑦ $2\frac{1}{5}+1\frac{3}{5}$

⑧ $3\frac{5}{8}+4\frac{4}{8}$

⑨ $3\frac{2}{7}+1\frac{5}{7}$

⑩ $3\frac{5}{6}-1\frac{4}{6}$

⑪ $2\frac{1}{8}-\frac{1}{8}$

⑫ $5-4\frac{1}{9}$

次のうち，「お笠(かさ)うんこの儀(ぎ)」はどれですか。

〈22点〉

あ

い

う

25 まとめテスト

4年生の小数・分数

点

今日のせいせき
まちがいが
0~2こ よくできたね！
3~5こ できたね
6こ~ がんばれ

1 筆算で計算をしましょう。 〈1つ5点〉

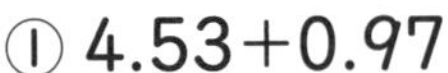

① 4.53+0.97

② 8－7.265

③ 25.3×7

④ 3.42×55

2 わりきれるまで計算をしましょう。 〈1つ5点〉

① 23)41.4

② 5)1.8

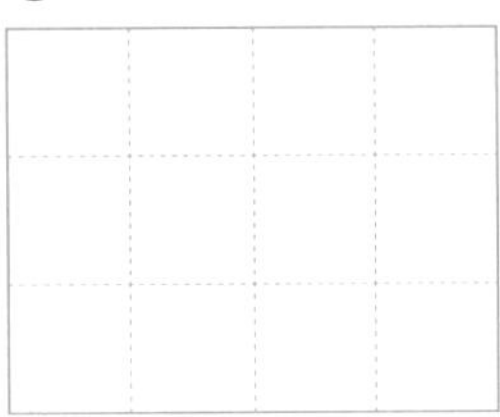

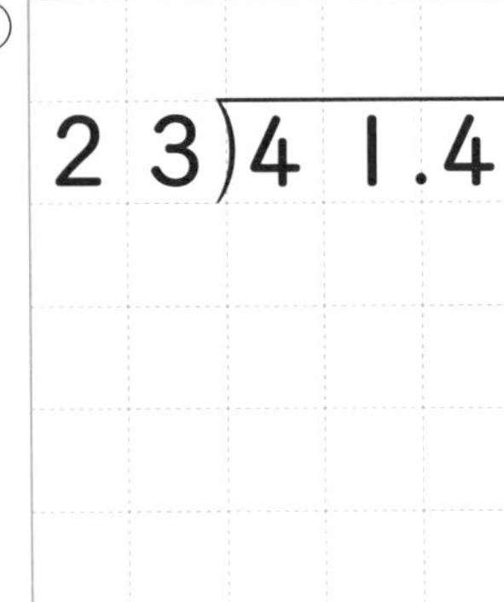

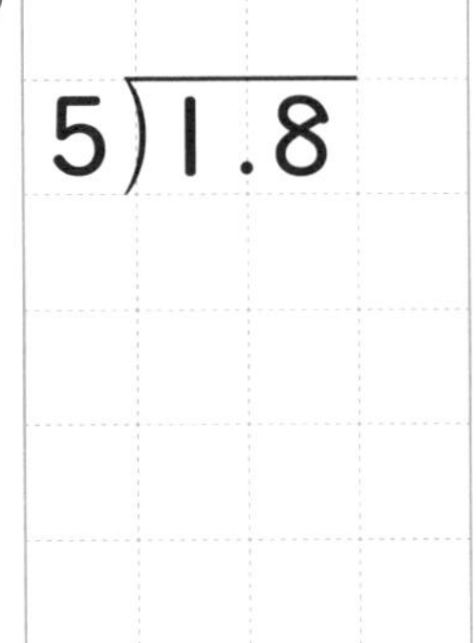

3 ①は，商を一の位まで求めて，あまりもだしましょう。
②は，商を四捨五入して，上から**2**けたのがい数で求めましょう。

〈1つ5点〉

①

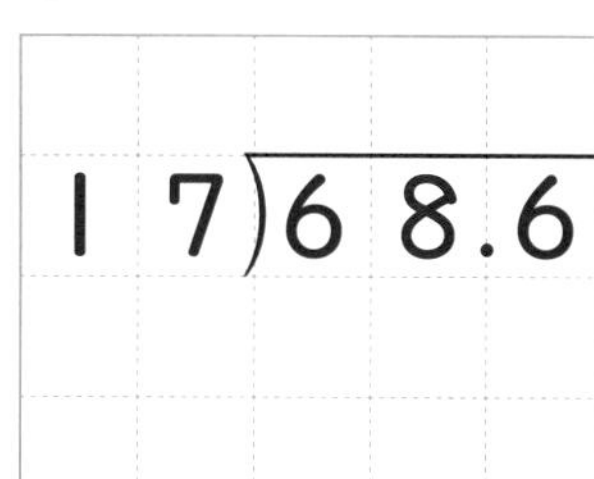

$17\overline{)68.6}$

②

$4\overline{)8.65}$

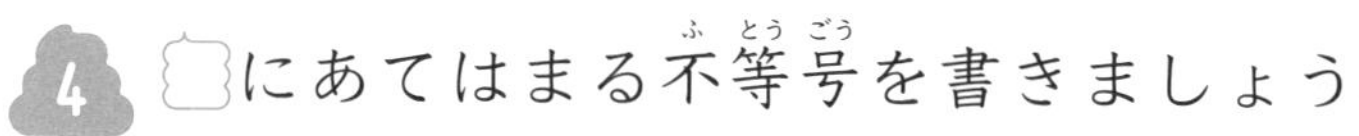

4 □にあてはまる不等号を書きましょう。

〈1つ5点〉

① $2\frac{3}{6}$ □ $\frac{23}{6}$　　② $\frac{5}{8}$ □ $\frac{5}{9}$

5 計算をしましょう。

〈1つ5点〉

① $\frac{5}{7}+\frac{8}{7}$　　② $\frac{10}{8}-\frac{9}{8}$

③ $2\frac{3}{4}+1\frac{2}{4}$　　④ $3\frac{4}{5}-2$

6 次のうんこ祭りの名前を書きましょう。

〈30点〉

答え

答え

1ページ

3年生で習った小数・分数

今日のせいせき　まちがいが　0〜2こ よくできたね！　3〜5こ できたね　6こ〜 がんばれ

3年生で習った小数・分数のたし算，ひき算のふく習だよ。

1 筆算で計算をしましょう。

① 3.2＋4.9 → 3.2 ＋ 4.9 ＝ 8.1

② 8.3＋7.8 → 8.3 ＋ 7.8 ＝ 16.1

③ 18.7＋6.2 → 18.7 ＋ 6.2 ＝ 24.9

④ 8.5＋3.7 → 8.5 ＋ 3.7 ＝ 12.2

⑤ 5.4＋4.6 → 5.4 ＋ 4.6 ＝ 10.0

⑥ 43.7＋0.3 → 43.7 ＋ 0.3 ＝ 44.0

⑦ 3.2－1.7 → 3.2 － 1.7 ＝ 1.5

⑧ 9－5.6 → 9 － 5.6 ＝ 3.4

⑨ 20.3－2.7 → 20.3 － 2.7 ＝ 17.6

⑩ 7.2－6.3 → 7.2 － 6.3 ＝ 0.9

⑪ 4.3－2.6 → 4.3 － 2.6 ＝ 1.7

⑫ 18－5.4 → 18 － 5.4 ＝ 12.6

筆算は，位をたてにそろえて書くんじゃぞ。

1

2ページ

2 計算をしましょう。

① $\frac{2}{6}+\frac{3}{6}=\frac{5}{6}$

② $\frac{1}{8}+\frac{4}{8}=\frac{5}{8}$

③ $\frac{2}{5}+\frac{2}{5}=\frac{4}{5}$

④ $\frac{3}{7}+\frac{4}{7}=\frac{7}{7}$ (1)

⑤ $\frac{9}{10}-\frac{3}{10}=\frac{6}{10}$

⑥ $\frac{4}{5}-\frac{1}{5}=\frac{3}{5}$

⑦ $1-\frac{3}{7}=\frac{4}{7}$

⑧ $\frac{7}{9}-\frac{2}{9}=\frac{5}{9}$

テストに出るうんこ
決定版
キミならどの祭りに参加したい!?
日本10大うんこ祭り

1 うんこ転がし祭り
村人のうんこ1年分で作った「うんこ玉」を，
元日の朝に男たちが転がし，
最後はがけから海の中へうんこ玉を落とします。

3ページ

2 小数のたし算①

今日のせいせき　まちがいが　0〜2こ よくできたね！　3〜5こ できたね　6こ〜 がんばれ

小数のたし算をするよ。答えの小数点をうちわすれないように注意しよう。

1 3.26＋4.93の筆算のしかたを考えます。

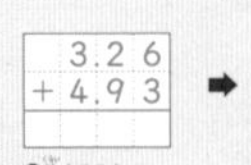

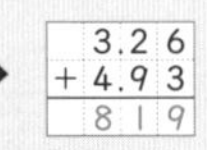

3.26 ＋ 4.93 → 3.26 ＋ 4.93 ＝ 819 → 3.26 ＋ 4.93 ＝ 8.19

❶位をそろえて書く。

❷整数のたし算と同じように計算する。

❸上の小数点にそろえて，答えの小数点をうつ。

2 筆算で計算をしましょう。

① 3.15 ＋ 4.56 ＝ 7.71

② 1.59 ＋ 4.63 ＝ 6.22

③ 2.65 ＋ 0.87 ＝ 3.52

④ 0.74 ＋ 0.28 ＝ 1.02

⑤ 33.64 ＋ 9.83 ＝ 43.47

⑥ 1.796 ＋ 2.025 ＝ 3.821

3

4ページ

3 筆算で計算をしましょう。

① 4.85 ＋ 2.19 ＝ 7.04

② 1.23 ＋ 3.48 ＝ 4.71

③ 1.06 ＋ 7.21 ＝ 8.27

④ 0.97 ＋ 1.17 ＝ 2.14

⑤ 64.83 ＋ 9.03 ＝ 73.86

⑥ 2.795 ＋ 1.848 ＝ 4.643

⑦ 1.376 ＋ 0.543 ＝ 1.919

⑧ 2.509 ＋ 6.265 ＝ 8.774

手のこうの上に，小さなうんこを2こ乗せました。重さはそれぞれ，2.74gと2.27gです。

合わせて何g乗せましたか。

筆算　2.74 ＋ 2.27 ＝ 5.01

式　2.74＋2.27＝5.01

答え　5.01g

4

答え

5ページ

3 小数のたし算②

今日のせいせき まちがいが 0~2こ よくできたね! 3~5こ できたね 6こ~ がんばれ

答えの大きさを考えて、筆算の答えを正しく書く練習をするよ。

1 0.426＋0.374, 2.6＋0.135の筆算のしかたを考えます。

```
  0.426      2.600
+ 0.374    + 0.135
  0.800      2.735
```

一の位に0を書いて小数点をうつ。0.800は0.8と同じ大きさだから、0を＼で消す。

2.6を2.600と考えて筆算をする。

2 筆算で計算をしましょう。

① 2.93＋5.27＝8.20

② 0.13＋0.49＝0.62

③ 0.021＋0.079＝0.100

④ 13.5＋0.38＝13.88

⑤ 0.923＋4.1＝5.023

⑥ 24＋8.35＝32.35

7ページ

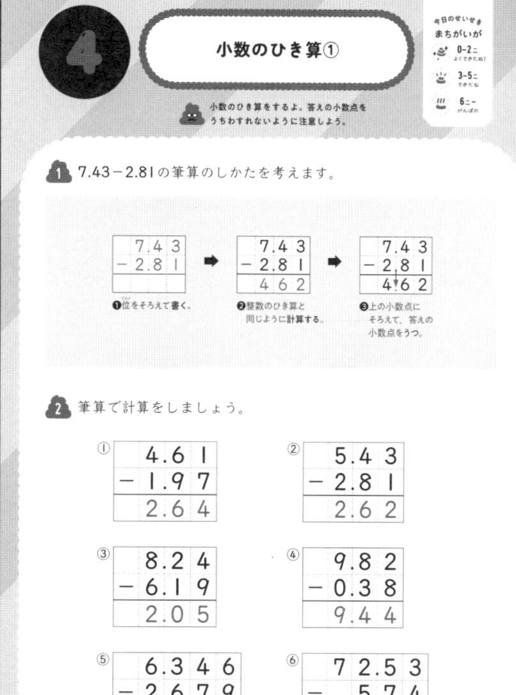

4 小数のひき算①

今日のせいせき まちがいが 0~2こ よくできたね! 3~5こ できたね 6こ~ がんばれ

小数のひき算をするよ。答えの小数点をうちわすれないように注意しよう。

1 7.43－2.81の筆算のしかたを考えます。

```
  7.43        7.43        7.43
- 2.81   ➡  - 2.81   ➡  - 2.81
              462         4.62
```

❶位をそろえて書く。 ❷整数のひき算と同じように計算する。 ❸上の小数点にそろえて、答えの小数点をうつ。

2 筆算で計算をしましょう。

① 4.61－1.97＝2.64

② 5.43－2.81＝2.62

③ 8.24－6.19＝2.05

④ 9.82－0.38＝9.44

⑤ 6.346－2.679＝3.667

⑥ 72.53－5.74＝66.79

6ページ

3 筆算で計算をしましょう。

① 5.24＋0.76 → 5.24＋0.76＝6.00

② 6＋8.12 → 6＋8.12＝14.12

③ 0.084＋0.276 → 0.084＋0.276＝0.360

④ 13.8＋0.43 → 13.8＋0.43＝14.23

8ページ

3 筆算で計算をしましょう。

① 9.57－1.09＝8.48

② 7.34－1.18＝6.16

③ 8.13－2.48＝5.65

④ 6.45－0.26＝6.19

⑤ 9.235－0.759＝8.476

⑥ 5.382－3.246＝2.136

⑦ 66.75－4.98＝61.77

⑧ 8.717－4.868＝3.849

深さ2.76mのうんこプールの中に、身長4.14mの巨人が立っています。

うんこプールから出ている巨人の高さは何mですか。

筆算

```
  4.14
- 2.76
  1.38
```

式 4.14－2.76＝1.38

答え 1.38m

答え

9ページ

5 小数のひき算②

今日のせいせき まちがいが 0~2こ よくできたね! 3~5こ できたね 6こ~ がんばれ

答えの大きさを考えて、筆算の答えを正しく書く練習をするよ。

1 5.23−4.91，4−2.835の筆算のしかたを考えます。

5.23
−4.91
0.32

一の位に0を書いて小数点をうつ。

4.000
−2.835
1.165

4を4.000と考えて筆算をする。

2 筆算で計算をしましょう。

① 8.26 − 7.58 → 0.68

② 9.1 − 1.29 → 7.81

③ 52.4 − 0.67 → 51.73

④ 0.334 − 0.257 → 0.077

⑤ 6.235 − 5.546 → 0.689

⑥ 3 − 0.072 → 2.928

9

11ページ

6 小数のたし算・ひき算

今日のせいせき まちがいが 0~2こ よくできたね! 3~5こ できたね 6こ~ がんばれ

まちがえた筆算は、もう一度やり直そう。

1 筆算で計算をしましょう。

① 4.28＋3.91 → 8.19

② 0.23＋0.77 → 1.00

③ 32.45＋1.57 → 34.02

④ 0.328＋4.915 → 5.243

⑤ 45.23＋6.09 → 51.32

⑥ 2.954＋3.458 → 6.412

⑦ 0.239＋0.461 → 0.700

⑧ 13＋9.83 → 22.83

⑨ 4.8＋0.723 → 5.523

⑩ 0.092＋0.068 → 0.160

11

10ページ

3 筆算で計算をしましょう。

① 0.7−0.45 → 0.25

② 2.3−1.82 → 0.48

③ 2.813−1.986 → 0.827

④ 23−0.24 → 22.76

テストに出るうんこ
決定版
キミならどの祭りに参加したい!?
日本10大うんこ祭り
③ 寒中うんこぶりぶり祭り
ふんどし1枚で真冬の海に入り，うんこをします。次の日，
自分がしたうんこを探すために，もう一度海に入ります。

12ページ

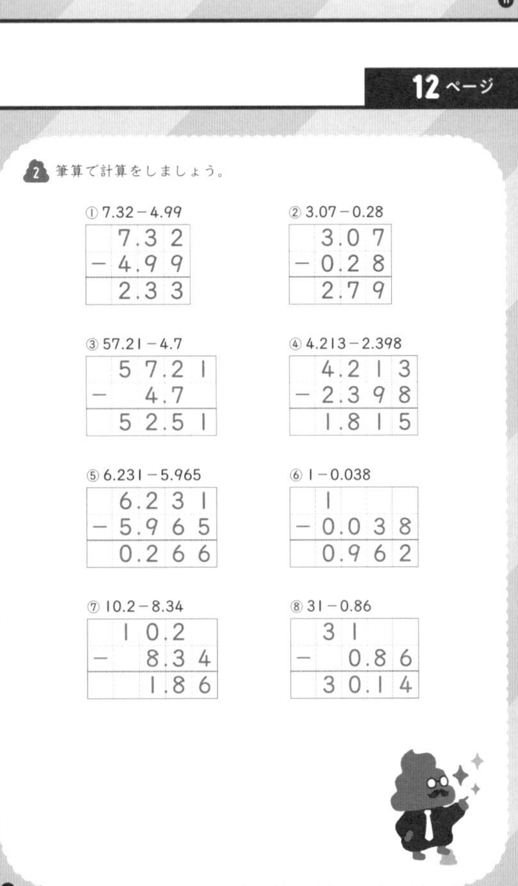

2 筆算で計算をしましょう。

① 7.32−4.99 → 2.33

② 3.07−0.28 → 2.79

③ 57.21−4.7 → 52.51

④ 4.213−2.398 → 1.815

⑤ 6.231−5.965 → 0.266

⑥ 1−0.038 → 0.962

⑦ 10.2−8.34 → 1.86

⑧ 31−0.86 → 30.14

12

答え

13ページ

7 小数のたし算とひき算がまじった計算

左から2つの数ずつ＋，－の記号に気をつけて計算しよう。

今日のせいせき まちがいが 0-2こ よくできたね！ 3-5こ できたね 6こ～ がんばれ

1 4.32＋17.8－12.53の筆算のしかたを考えます。

左から2つの数ずつ筆算で計算する。

4.32＋17.8＝22.12　22.12－12.53＝9.59

2 筆算で計算をしましょう。

① 4.31＋3.98－0.57
4.31＋3.98＝8.29　…続けて計算しよう。　8.29－0.57＝7.72

② 8－0.52－3.29
8－0.52＝7.48　7.48－3.29＝4.19

③ 8.5－0.87＋13.41
8.5－0.87＝7.63　7.63＋13.41＝21.04

13

15ページ

8 かくにんテスト 1

点

今日のせいせき まちがいが 0-2こ よくできたね！ 3-5こ できたね 6こ～ がんばれ

1 筆算で計算をしましょう。（1つ5点）

① 3.06＋4.98＝8.04
② 3.24－1.87＝1.37
③ 0.37＋0.29＝0.66
④ 5.2－4.81＝0.39
⑤ 52.19＋19.42＝71.61
⑥ 7.254－4.936＝2.318
⑦ 0.084＋1.016＝1.100
⑧ 0.354＋4.296＝4.650
⑨ 3－2.543＝0.457
⑩ 9.092－8.374＝0.718

15

14ページ

3 筆算で計算をしましょう。

① 3.29－1.83＋12.7
3.29－1.83＝1.46　1.46＋12.7＝14.16

② 10－0.92－4.38
10－0.92＝9.08　9.08－4.38＝4.70

③ 3.04＋9.28－10.55
3.04＋9.28＝12.32　12.32－10.55＝1.77

テストに出るうんこ
決定版
キミならどの祭りに参加したい⁉
日本10大うんこ祭り
4 だいだら うんこあげ祭り
たて横14mもあるうんこ型の大凧に大量のうんこをくくりつけて空へ。
海外からも観光客が見に来るほど有名な祭りです。

16ページ

2 筆算で計算をしましょう。（1つ5点）

① 3.09＋2.13＝5.22
② 6.03－4.98＝1.05
③ 3.295－2.836＝0.459
④ 39.14＋3.8＝42.94
⑤ 0.258＋0.442＝0.700
⑥ 10－0.728＝9.272

3 10.23－5.67＋12.09を，筆算で計算しましょう。（10点）

10.23－5.67＝4.56　4.56＋12.09＝16.65

4 次の祭りのうち，福男がうんこを持ってにげ回るのは，どれですか。（10点）

あ うんこ転がし祭り　い 福のうんこ祭り　う だいだらうんこあげ祭り

16

答え

17ページ

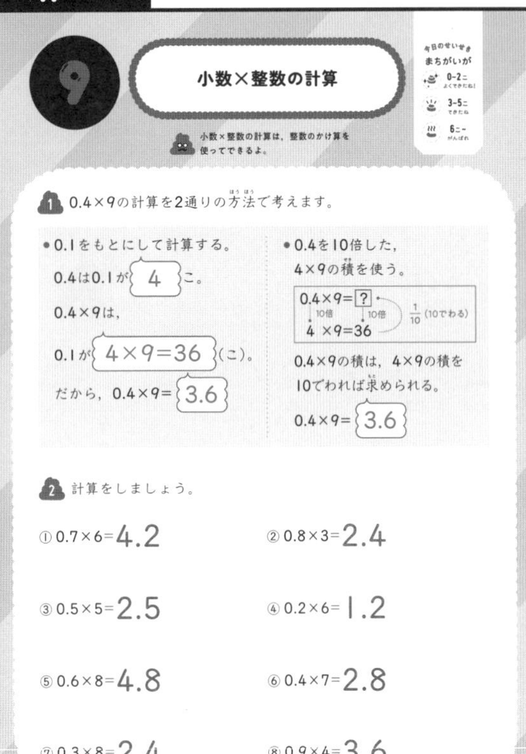

9 小数×整数の計算

今日のせいせき まちがいが 0～2こ よくできたね！ 3～5こ できたね 6こ～ がんばれ

小数×整数の計算は，整数のかけ算を使ってできるよ。

1 0.4×9の計算を2通りの方法で考えます。

●0.1をもとにして計算する。

0.4は0.1が 4 こ。

0.4×9は，

0.1が 4×9=36 （こ）。

だから，0.4×9= 3.6

●0.4を10倍した，4×9の積を使う。

0.4×9=? ↓10倍 ↓10倍 4×9=36 $\frac{1}{10}$（10でわる）

0.4×9の積は，4×9の積を10でわれば求められる。

0.4×9= 3.6

2 計算をしましょう。

① 0.7×6=4.2　② 0.8×3=2.4

③ 0.5×5=2.5　④ 0.2×6=1.2

⑤ 0.6×8=4.8　⑥ 0.4×7=2.8

⑦ 0.3×8=2.4　⑧ 0.9×4=3.6

17

19ページ

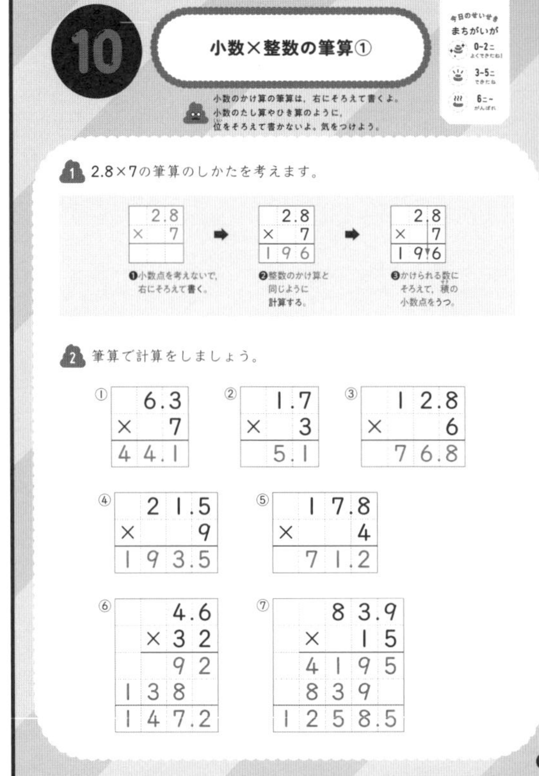

10 小数×整数の筆算①

今日のせいせき まちがいが 0～2こ よくできたね！ 3～5こ できたね 6こ～ がんばれ

小数のかけ算の筆算は，右にそろえて書くよ。小数のたし算やひき算のように，位をそろえて書かないよ。気をつけよう。

1 2.8×7の筆算のしかたを考えます。

2.8	➡	2.8	➡	2.8
× 7		× 7		× 7
		196		19.6

❶小数点を考えないで，右にそろえて書く。
❷整数のかけ算と同じように計算する。
❸かけられる数にそろえて，積の小数点をうつ。

2 筆算で計算をしましょう。

① 6.3 × 7 = 44.1

② 1.7 × 3 = 5.1

③ 12.8 × 6 = 76.8

④ 21.5 × 9 = 193.5

⑤ 17.8 × 4 = 71.2

⑥ 4.6 × 32 → 92, 138 → 147.2

⑦ 83.9 × 15 → 4195, 839 → 1258.5

19

18ページ

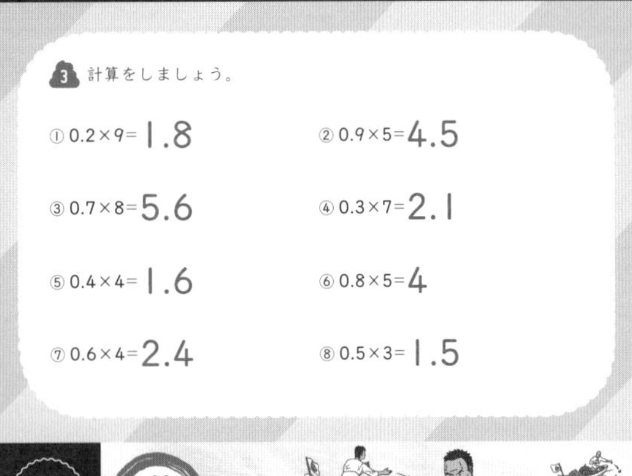

3 計算をしましょう。

① 0.2×9=1.8　② 0.9×5=4.5

③ 0.7×8=5.6　④ 0.3×7=2.1

⑤ 0.4×4=1.6　⑥ 0.8×5=4

⑦ 0.6×4=2.4　⑧ 0.5×3=1.5

テストに出るうんこ
決定版
キミならどの祭りに参加したい!?
日本10大うんこ祭り
5
うんこ
海中うんこ拾い祭り
すいかと大量のうんこを乗せた「うんこ船」を海にうかべます。そして，うんこ船から海へ落としたうんこを，「海男」たちが全部拾い集めます。

20ページ

3 筆算で計算をしましょう。

① 2.6×8 → 2.6 × 8 = 20.8

② 9.1×4 → 9.1 × 4 = 36.4

③ 32.7×6 → 32.7 × 6 = 196.2

④ 50.4×7 → 50.4 × 7 = 352.8

⑤ 51.7×9 → 51.7 × 9 = 465.3

⑥ 60.2×48 → 4816, 2408 → 2889.6

⑦ 74.3×35 → 3715, 2229 → 2600.5

うんこ文章題にチャレンジ！ 3

たての長さ3.4m，横の長さ7mの長方形の形をしたかべ全体に，うんこの絵がかいてあります。

かべの面積は何m²ですか。

筆算 3.4 × 7 = 23.8

式 3.4×7＝23.8

答え 23.8 m²

20

答え

21ページ

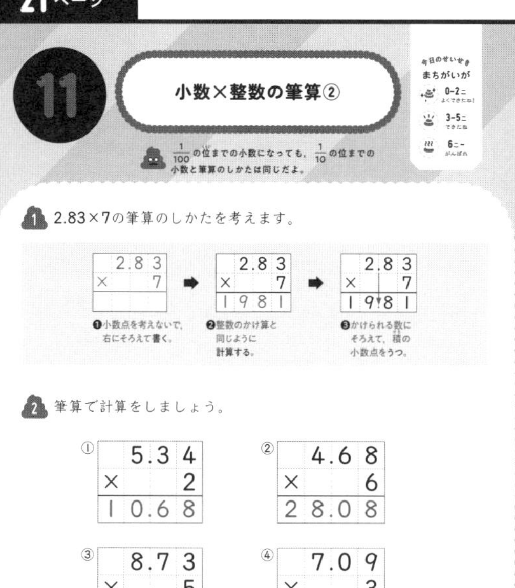

11 小数×整数の筆算②

今日のせいせき まちがいが 0-2こ よくできたね！ 3-5こ できたね 6こ～ がんばれ

$\frac{1}{100}$の位までの小数になっても，$\frac{1}{10}$の位までの小数と筆算のしかたは同じだよ。

1 2.83×7の筆算のしかたを考えます。

❶小数点を考えないで，右にそろえて書く。

❷整数のかけ算と同じように計算する。

❸かけられる数にそろえて，積の小数点をうつ。

2 筆算で計算をしましょう。

① 5.34×2＝10.68

② 4.68×6＝28.08

③ 8.73×5＝43.65

④ 7.09×3＝21.27

⑤ 1.62×26 → 972，324 → 42.12

⑥ 2.09×71 → 209，1463 → 148.39

23ページ

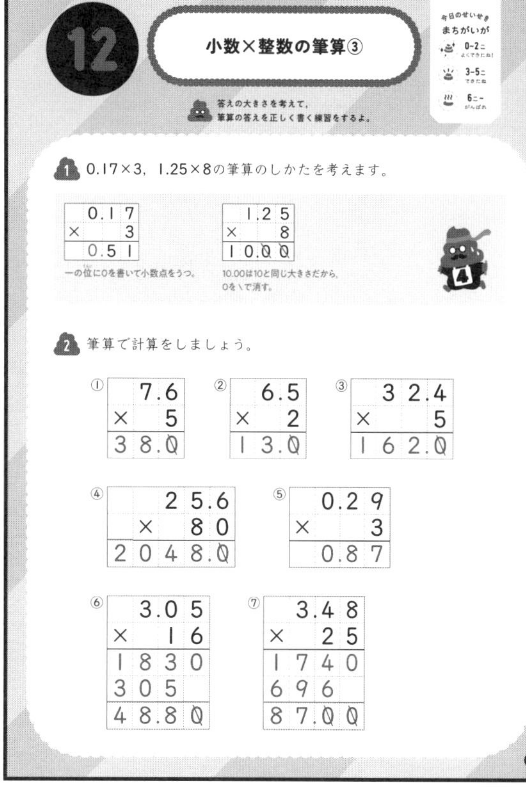

12 小数×整数の筆算③

今日のせいせき まちがいが 0-2こ よくできたね！ 3-5こ できたね 6こ～ がんばれ

答えの大きさを考えて，筆算の答えを正しく書く練習をするよ。

1 0.17×3，1.25×8の筆算のしかたを考えます。

0.17×3＝0.51　一の位に0を書いて小数点をうつ。

1.25×8＝10.00　10.00は10と同じ大きさだから，0を＼で消す。

2 筆算で計算をしましょう。

① 7.6×5＝38.0

② 6.5×2＝13.0

③ 32.4×5＝162.0

④ 25.6×80＝2048.0

⑤ 0.29×3＝0.87

⑥ 3.05×16 → 1830，305 → 48.80

⑦ 3.48×25 → 1740，696 → 87.00

22ページ

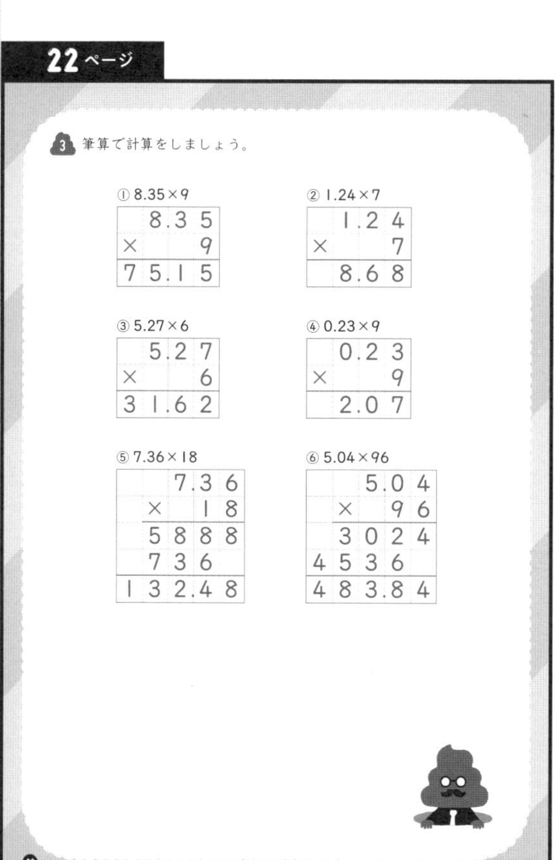

3 筆算で計算をしましょう。

① 8.35×9＝75.15

② 1.24×7＝8.68

③ 5.27×6＝31.62

④ 0.23×9＝2.07

⑤ 7.36×18 → 5888，736 → 132.48

⑥ 5.04×96 → 3024，4536 → 483.84

24ページ

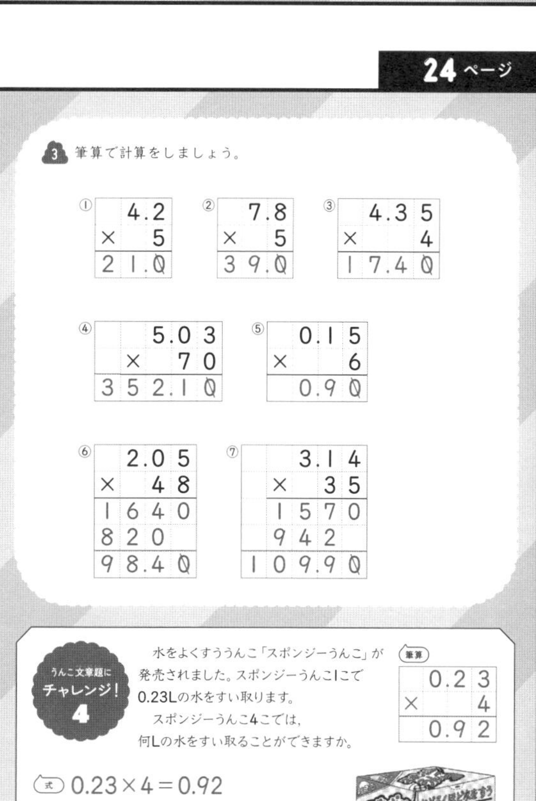

3 筆算で計算をしましょう。

① 4.2×5＝21.0

② 7.8×5＝39.0

③ 4.35×4＝17.40

④ 5.03×70＝352.10

⑤ 0.15×6＝0.90

⑥ 2.05×48 → 1640，820 → 98.40

⑦ 3.14×35 → 1570，942 → 109.90

うんこ文章題にチャレンジ！4

水をよくすううんこ「スポンジーうんこ」が発売されました。スポンジーうんこ1こで0.23Lの水をすい取ります。

スポンジーうんこ4こでは，何Lの水をすい取ることができますか。

筆算 0.23×4＝0.92

式 0.23×4＝0.92

答え 0.92L

答え

25 ページ

小数÷整数の計算

小数÷整数の計算は，整数のわり算を使ってできるよ。

今日のせいせき　まちがいが
0–2こ　よくできたね！
3–5こ　できたね
6こ～　がんばれ

1 2.4÷3の計算を2通りの方法で考えます。

- 0.1をもとにして計算する。
  2.4は0.1が 24 こ。
  2.4÷3は，
  0.1が 24÷3=8 (こ)。
  だから，2.4÷3= 0.8

- 2.4を10倍した，24÷3の商を使う。
  2.4÷3=? （10倍）→ 24÷3=8 （$\frac{1}{10}$（10でわる））
  2.4÷3の商は，24÷3の商を10でわれば求められる。
  2.4÷3= 0.8

2 計算をしましょう。

① 1.8÷2=0.9　② 3.6÷6=0.6
③ 6.4÷8=0.8　④ 9.6÷3=3.2
⑤ 4.8÷4=1.2　⑥ 2.1÷7=0.3
⑦ 2÷5=0.4　⑧ 0.63÷9=0.07

⑦2は0.1が何こか考えるのじゃ。

25

26 ページ

3 計算をしましょう。

① 1.8÷6=0.3　② 4÷5=0.8
③ 7.2÷9=0.8　④ 6.3÷3=2.1
⑤ 3.2÷4=0.8　⑥ 3÷6=0.5
⑦ 1.4÷7=0.2　⑧ 0.64÷8=0.08

27 ページ

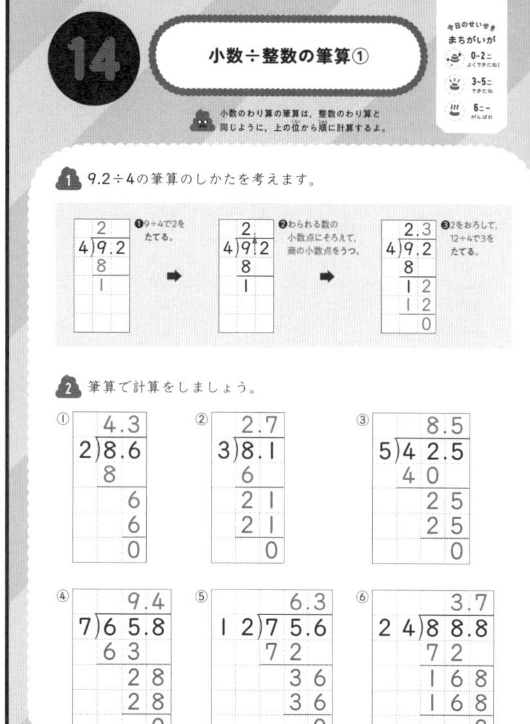

14 小数÷整数の筆算①

小数のわり算の筆算は，整数のわり算と同じように，上の位から順に計算するよ。

今日のせいせき　まちがいが
0–2こ　よくできたね！
3–5こ　できたね
6こ～　がんばれ

1 9.2÷4の筆算のしかたを考えます。

❶9÷4で2をたてる。（4)9.2 → 商 2，8，1）
➡ ❷わられる数の小数点にそろえて，商の小数点をうつ。（商 2.）
➡ ❸2をおろして，12÷4で3をたてる。（4)9.2 → 商 2.3，8，12，12，0）

2 筆算で計算をしましょう。

① 2)8.6 = 4.3　（8，6，6，0）
② 3)8.1 = 2.7　（6，21，21，0）
③ 5)42.5 = 8.5　（40，25，25，0）
④ 7)65.8 = 9.4　（63，28，28，0）
⑤ 12)75.6 = 6.3　（72，36，36，0）
⑥ 24)88.8 = 3.7　（72，168，168，0）

27

28 ページ

3 筆算で計算をしましょう。

① 6)91.2 = 15.2　（6，31，30，12，12，0）
② 4)82.8 = 20.7　（8，2，0，28，28，0）
③ 9)48.6 = 5.4　（45，36，36，0）
④ 18)97.2 = 5.4　（90，72，72，0）
⑤ 27)70.2 = 2.6　（54，162，162，0）
⑥ 32)54.4 = 1.7　（32，224，224，0）

28

29ページ

15 小数÷整数の筆算②

今日のせいせき まちがいが 0-2こ よくできたね! 3-5こ できたね 6こ- がんばれ

1/100の位までの小数になっても、1/10の位までの小数と筆算のしかたは同じだよ。

1 1.96÷7の筆算のしかたを考えます。

7)1.96 商 0.
❶1÷7で一の位に商がたたないから、一の位に0を書いて小数点をうつ。
➡
7)1.96 商 0.2 / 14 / 5
❷19÷7で2をたてる。
➡
7)1.96 商 0.28 / 14 / 56 / 56 / 0
❸6をおろして、56÷7で8をたてる。

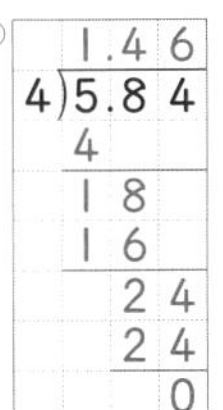

2 筆算で計算をしましょう。

① 8)9.92 商 1.24 / 8 / 19 / 16 / 32 / 32 / 0
② 4)5.84 商 1.46 / 4 / 18 / 16 / 24 / 24 / 0
③ 2)1.34 商 0.67 / 12 / 14 / 14 / 0
④ 23)8.74 商 0.38 / 69 / 184 / 184 / 0
⑤ 18)4.68 商 0.26 / 36 / 108 / 108 / 0
⑥ 45)4.05 商 0.09 / 405 / 0

29

30ページ

3 筆算で計算をしましょう。

① 6)8.22 商 1.37 / 6 / 22 / 18 / 42 / 42 / 0
② 3)9.57 商 3.19 / 9 / 5 / 3 / 27 / 27 / 0
③ 5)4.85 商 0.97 / 45 / 35 / 35 / 0
④ 27)2.16 商 0.08 / 216 / 0
⑤ 32)1.92 商 0.06 / 192 / 0
⑥ 9)0.522 商 0.058 / 45 / 72 / 72 / 0

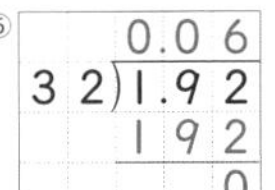

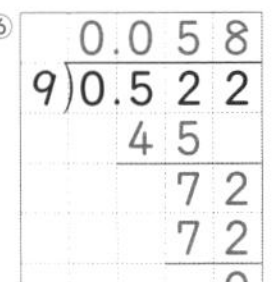

男子12人で遊んでいると、校長先生がうんこを1.08kg置いていってくれました。等分すると、1人分は何kgになりますか。

筆算 12)1.08 商 0.09 / 108 / 0

式 1.08÷12＝0.09

答え 0.09kg

30

31ページ

16 小数÷整数の筆算③

今日のせいせき まちがいが 0-2こ よくできたね! 3-5こ できたね 6こ- がんばれ

小数のわり算であまりをだすよ。あまりの大きさに注意しよう。

1 37.6÷3の商を一の位まで求め、あまりもだします。

3)37.6 商 12 / 3 / 7 / 6 / 1.6

あまりの小数点は、わられる数の小数点にそろえてうつ。

たしかめ わる数×商＋あまり＝わられる数

3×12+1.6=37.6 ← わられる数になれば正しい。

2 商を一の位まで求め、あまりもだしましょう。

① 4)74.3 商 18 / 4 / 34 / 32 / 2.3
② 6)78.3 商 13 / 6 / 18 / 18 / 0.3
③ 7)84.8 商 12 / 7 / 14 / 14 / 0.8
④ 3)29.8 商 9 / 27 / 2.8
⑤ 9)32.5 商 3 / 27 / 5.5
⑥ 5)35.8 商 7 / 35 / 0.8
⑦ 14)85.8 商 6 / 84 / 1.8
⑧ 36)75.1 商 2 / 72 / 3.1
⑨ 23)92.7 商 4 / 92 / 0.7

31

32ページ

3 商を次の位まで求め、あまりもだしましょう。

① 一の位 4)73.2 商 18 / 4 / 33 / 32 / 1.2
② 1/10の位 3)12.7 商 4.2 / 12 / 7 / 6 / 0.1
③ 1/10の位 18)43.1 商 2.3 / 36 / 71 / 54 / 1.7
④ 一の位 7)51.3 商 7 / 49 / 2.3
⑤ 一の位 9)64.7 商 7 / 63 / 1.7
⑥ 1/10の位 5)4.7 商 0.9 / 45 / 0.2
⑦ 一の位 14)85.3 商 6 / 84 / 1.3
⑧ 一の位 22)88.8 商 4 / 88 / 0.8
⑨ 1/10の位 41)14.7 商 0.3 / 123 / 2.4

32

答え

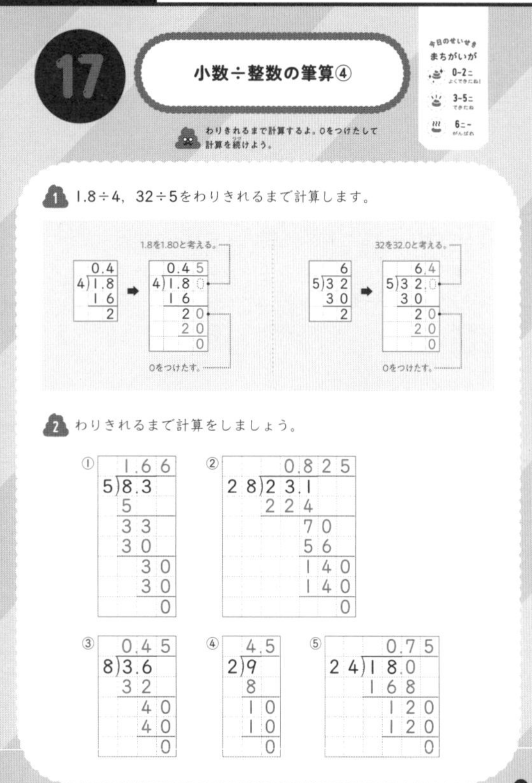

17 小数÷整数の筆算④

今日のせいせき まちがいが 0-2こ よくできたね！ 3-5こ できたね 6こ～ がんばれ

わりきれるまで計算するよ。0をつけたして計算を続けよう。

1 1.8÷4，32÷5をわりきれるまで計算します。

1.8を1.80と考える。 0.4 → 0.45（4)1.8　16　20　20　0）

32を32.0と考える。 6 → 6.4（5)32　30　20　20　0）

0をつけたす。

2 わりきれるまで計算をしましょう。

① 8.3÷5＝1.66（5　33　30　30　30　0）

② 23.1÷28＝0.825（224　70　56　140　140　0）

③ 3.6÷8＝0.45（32　40　40　0）

④ 9÷2＝4.5（8　10　10　0）

⑤ 18÷24＝0.75（168　120　120　0）

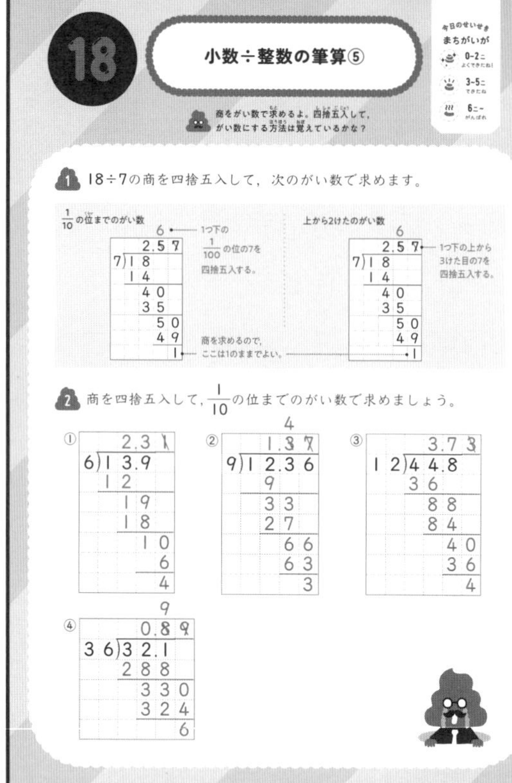

18 小数÷整数の筆算⑤

今日のせいせき まちがいが 0-2こ よくできたね！ 3-5こ できたね 6こ～ がんばれ

商をがい数で求めるよ。四捨五入して，がい数にする方法は覚えているかな？

1 18÷7の商を四捨五入して，次のがい数で求めます。

$\frac{1}{10}$の位までのがい数　2.57 → 2.6（1つ下の$\frac{1}{100}$の位の7を四捨五入する。）

上から2けたのがい数　2.57 → 2.6（1つ下の上から3けた目の7を四捨五入する。）

商を求めるので，ここは1のままでよい。

2 商を四捨五入して，$\frac{1}{10}$の位までのがい数で求めましょう。

① 13.9÷6＝2.31… → 2.3

② 12.36÷9＝1.37… → 1.4

③ 44.8÷12＝3.73… → 3.7

④ 32.1÷36＝0.89… → 0.9

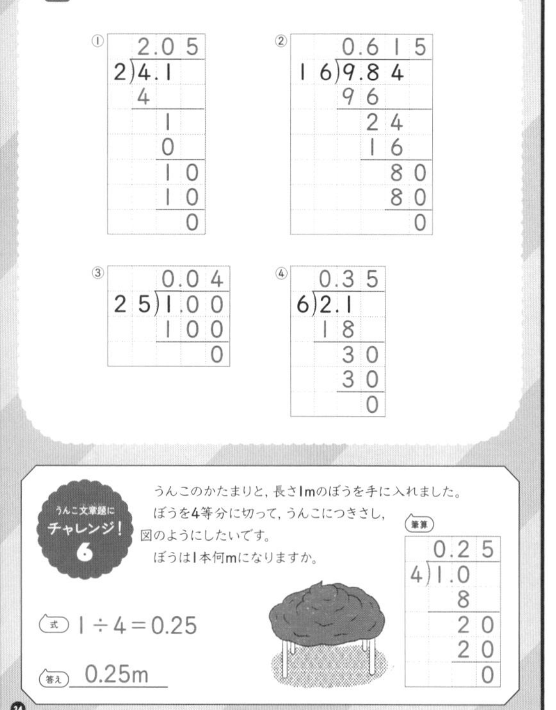

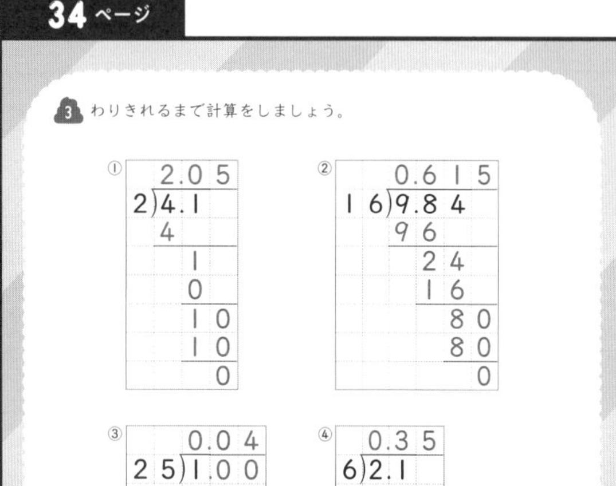

3 わりきれるまで計算をしましょう。

① 4.1÷2＝2.05（4　1　0　10　10　0）

② 9.84÷16＝0.615（96　24　16　80　80　0）

③ 1÷25＝0.04（100　0）

④ 2.1÷6＝0.35（18　30　30　0）

うんこ文章題にチャレンジ！6

うんこのかたまりと，長さ1mのぼうを手に入れました。ぼうを4等分に切って，うんこにつきさし，図のようにしたいです。ぼうは1本何mになりますか。

式　1÷4＝0.25

答え　0.25m

筆算　4)1.0＝0.25（8　20　20　0）

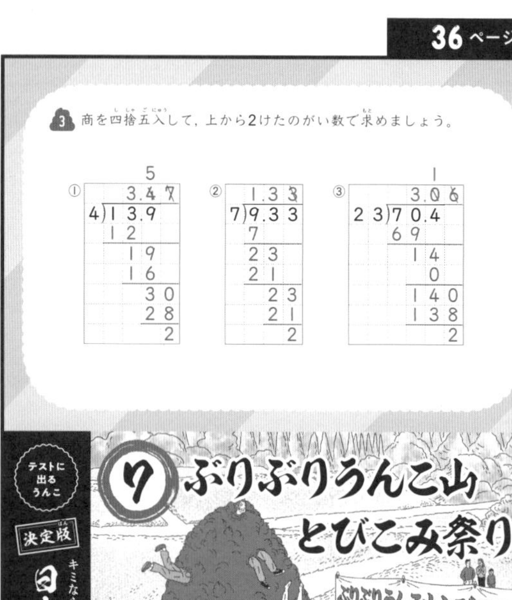

3 商を四捨五入して，上から2けたのがい数で求めましょう。

① 13.9÷4＝3.47… → 3.5

② 9.33÷7＝1.33… → 1.3

③ 70.4÷23＝3.06… → 3.1

テストに出るうんこ　決定版

キミならどの祭りに参加したい!?　日本10大うんこ祭り

7 ぶりぶりうんこ山とびこみ祭り
ぶりぶりうんこ山とびこみ祭

うんこで作った山に，みんなで次々に頭から飛び込んでいきます。このときの「よっしゃらほ～い。うんこでほ～い」というさけび声が有名です。

37ページ

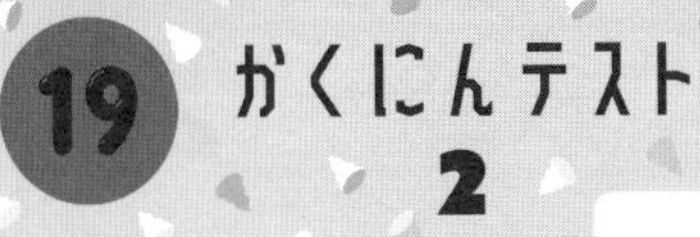

点

今日のせいせき まちがいが
0~2こ よくできたね!
3~5こ できたね
6こ~ がんばれ

1 筆算で計算をしましょう。（1つ5点）

① 2.4 × 5 = 12.0
② 1.7 × 9 = 15.3
③ 1.29 × 3 = 3.87
④ 0.13 × 7 = 0.91
⑤ 3.26 × 75
 1630
 2282
 244.50

2 わりきれるまで計算をしましょう。（1つ5点）

① 23.4 ÷ 6 = 3.9
 18
 54
 54
 0

② 8.24 ÷ 4 = 2.06

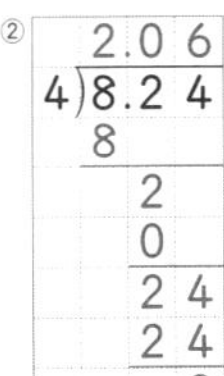

③ 3.92 ÷ 28 = 0.14
 28
 112
 112
 0

37

39ページ

20 分数の表し方・分数の大きさ

分数の表し方や分子が同じ分数について練習するよ。

今日のせいせき まちがいが
0~2こ よくできたね!
3~5こ できたね
6こ~ がんばれ

1 分数の表し方となおし方を学びます。

- $\frac{1}{3}$や$\frac{3}{5}$のように，分子が分母より小さい分数を**真分数**という。
- $\frac{3}{3}$や$\frac{14}{5}$のように，分子と分母が同じか，分子が分母より大きい分数を**仮分数**という。
- $1\frac{1}{3}$や$2\frac{3}{5}$のように，整数と真分数の和で表されている分数を**帯分数**という。
- 仮分数$\frac{14}{5}$を帯分数になおす。
  $\frac{14}{5}$ → 14÷5＝2 あまり4　$\frac{14}{5}=2\frac{4}{5}$
- 帯分数$2\frac{3}{5}$を仮分数になおす。
  $2\frac{3}{5}$ → 5×2+3＝13　$2\frac{3}{5}=\frac{13}{5}$

2 次の仮分数は帯分数か整数に，帯分数は仮分数になおしましょう。

① $\frac{13}{4}$　$3\frac{1}{4}$　② $\frac{24}{8}$　3　③ $1\frac{5}{6}$　$\frac{11}{6}$　④ $4\frac{1}{10}$　$\frac{41}{10}$

3 □にあてはまる等号や不等号を書きましょう。

① $\frac{14}{6}$ ＞ $2\frac{1}{6}$　② $4\frac{3}{10}$ ＝ $\frac{43}{10}$

③ 2 ＜ $\frac{20}{9}$　④ $\frac{7}{5}$ ＞ $1\frac{1}{5}$

仮分数か
帯分数になおして
くらべるのじゃ。

39

38ページ

3 商を次の位まで求めて，あまりもだしましょう。（1つ5点）

① 一の位
 69.7 ÷ 3 = 23
 6
 9
 9
 0.7

② 一の位
 73.8 ÷ 18 = 4
 72
 1.8

③ $\frac{1}{10}$の位
 87.2 ÷ 32 = 2.7
 64
 232
 224
 0.8

4 ①は，わりきれるまで計算をしましょう。②は，商を四捨五入して，上から2けたのがい数で求めましょう。（1つ10点）

① 16.0 ÷ 25 = 0.64
 150
 100
 100
 0

② 7.42 ÷ 3 = 2.47 → 5
 6
 14
 12
 22
 21
 1

5 次のうんこ祭りの名前は何ですか。（25点）

あ うんこねぶた

(い) 海中うんこ拾い祭り

う ぷりぷりうんこ山とびこみ祭り

38

40ページ

4 □にあてはまる不等号を書きましょう。

① $\frac{1}{5}$ ＞ $\frac{1}{6}$　② $\frac{6}{9}$ ＜ $\frac{6}{8}$

③ $\frac{3}{6}$ ＞ $\frac{3}{7}$　④ $\frac{2}{5}$ ＜ $\frac{2}{4}$

⑤ $\frac{7}{10}$ ＜ $\frac{7}{9}$　⑥ $\frac{4}{6}$ ＞ $\frac{4}{9}$

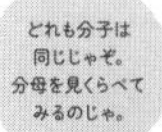

どれも分子は
同じじゃぞ。
分母を見くらべて
みるのじゃ。

テストに出るうんこ

決定版

キミならどの祭りに参加したい!?

日本10大うんこ祭り

千年以上も前から京都で行われている，年に一度の大きなお祭りです。「おかさ」と呼ばれる笠に自分のうんこをのせて，約2時間，おどりくるいます。

答え

41ページ

21 分数のたし算・ひき算

真分数や仮分数のたし算とひき算をするよ。

今日のせいせき まちがいが
0-2こ よくできたね!
3-5こ できたね
6こ〜 がんばれ

1 $\frac{3}{5}+\frac{4}{5}$の計算のしかたを考えます。

$\frac{1}{5}$の何こ分になるかを考える。

$\frac{3}{5}+\frac{4}{5}$は、$\frac{1}{5}$が(3+4)こ分だから、$\frac{3}{5}+\frac{4}{5}=\frac{7}{5}$。

分母が同じ分数のたし算やひき算は、
分母はそのままにして、分子だけを計算する。

2 計算をしましょう。

① $\frac{5}{4}+\frac{2}{4}=\frac{7}{4}\left(1\frac{3}{4}\right)$
② $\frac{3}{6}+\frac{4}{6}=\frac{7}{6}\left(1\frac{1}{6}\right)$
③ $\frac{3}{8}+\frac{9}{8}=\frac{12}{8}\left(1\frac{4}{8}\right)$
④ $\frac{6}{5}+\frac{7}{5}=\frac{13}{5}\left(2\frac{3}{5}\right)$
⑤ $\frac{6}{7}+\frac{3}{7}=\frac{9}{7}\left(1\frac{2}{7}\right)$
⑥ $\frac{5}{2}-\frac{1}{2}=\frac{4}{2}(2)$
⑦ $\frac{14}{9}-\frac{5}{9}=\frac{9}{9}(1)$
⑧ $\frac{10}{6}-\frac{5}{6}=\frac{5}{6}$
⑨ $\frac{9}{8}-\frac{5}{8}=\frac{4}{8}$
⑩ $\frac{7}{3}-\frac{5}{3}=\frac{2}{3}$

41

43ページ

22 帯分数のたし算

帯分数のたし算は、2通りの計算のしかたがあるよ。
好きなほうでやろう。

今日のせいせき まちがいが
0-2こ よくできたね!
3-5こ できたね
6こ〜 がんばれ

1 $1\frac{3}{5}+2\frac{1}{5}$の計算のしかたを考えます。

●整数部分と分数部分に分けて計算する。

(③+①)
$1\frac{3}{5}+2\frac{1}{5}=3\frac{4}{5}$
(1+2)

●仮分数になおして計算する。

$1\frac{3}{5}+2\frac{1}{5}=\frac{8}{5}+\frac{11}{5}=\frac{19}{5}$

2 計算をしましょう。

① $1\frac{2}{5}+2\frac{1}{5}=3\frac{3}{5}\left(\frac{18}{5}\right)$
② $3\frac{3}{7}+2\frac{2}{7}=5\frac{5}{7}\left(\frac{40}{7}\right)$
③ $2\frac{1}{4}+\frac{2}{4}=2\frac{3}{4}\left(\frac{11}{4}\right)$
④ $\frac{1}{6}+3\frac{2}{6}=3\frac{3}{6}\left(\frac{21}{6}\right)$
⑤ $1\frac{3}{8}+2\frac{5}{8}=4$
⑥ $2\frac{2}{3}+3\frac{2}{3}=6\frac{1}{3}\left(\frac{19}{3}\right)$
⑦ $2\frac{1}{6}+3\frac{2}{6}=5\frac{3}{6}\left(\frac{33}{6}\right)$
⑧ $2\frac{7}{8}+1\frac{6}{8}=4\frac{5}{8}\left(\frac{37}{8}\right)$
⑨ $3\frac{1}{9}+2\frac{3}{9}=5\frac{4}{9}\left(\frac{49}{9}\right)$

分数部分が仮分数になったら、1くり上げるぞい。

43

42ページ

3 計算をしましょう。

① $\frac{3}{2}+\frac{4}{2}=\frac{7}{2}\left(3\frac{1}{2}\right)$
② $\frac{2}{7}+\frac{6}{7}=\frac{8}{7}\left(1\frac{1}{7}\right)$
③ $\frac{5}{4}+\frac{6}{4}=\frac{11}{4}\left(2\frac{3}{4}\right)$
④ $\frac{5}{11}+\frac{7}{11}=\frac{12}{11}\left(1\frac{1}{11}\right)$
⑤ $\frac{5}{6}+\frac{2}{6}=\frac{7}{6}\left(1\frac{1}{6}\right)$
⑥ $\frac{4}{3}+\frac{5}{3}=\frac{9}{3}(3)$
⑦ $\frac{10}{9}-\frac{3}{9}=\frac{7}{9}$
⑧ $\frac{10}{8}-\frac{3}{8}=\frac{7}{8}$
⑨ $\frac{7}{5}-\frac{2}{5}=\frac{5}{5}(1)$
⑩ $\frac{13}{10}-\frac{6}{10}=\frac{7}{10}$
⑪ $\frac{7}{3}-\frac{1}{3}=\frac{6}{3}(2)$
⑫ $\frac{11}{6}-\frac{2}{6}=\frac{9}{6}\left(1\frac{3}{6}\right)$

うんこ文章題にチャレンジ! 7

高さ$\frac{9}{7}$mのうんこの上から、高さ$\frac{3}{7}$mのうんこの上に飛びおりました。
何m飛びおりたことになりますか。

式 $\frac{9}{7}-\frac{3}{7}=\frac{6}{7}$

答え $\frac{6}{7}$ m

42

44ページ

3 計算をしましょう。

① $2\frac{1}{3}+1\frac{1}{3}=3\frac{2}{3}\left(\frac{11}{3}\right)$
② $1\frac{3}{9}+1\frac{2}{9}=2\frac{5}{9}\left(\frac{23}{9}\right)$
③ $2\frac{3}{8}+\frac{4}{8}=2\frac{7}{8}\left(\frac{23}{8}\right)$
④ $2\frac{2}{4}+3\frac{3}{4}=6\frac{1}{4}\left(\frac{25}{4}\right)$
⑤ $\frac{3}{5}+2\frac{2}{5}=3$
⑥ $3\frac{3}{4}+1\frac{1}{4}=5$

テストに出るうんこ 決定版
日本10大うんこ祭り
キミならどの祭りに参加したい!?

9 舞美礼祭
毎年、数万人の中から選ばれた7人の女性が、
美しいおどりを舞います。そのおどりを見ながら、
男たちがうんこまみれになって走り回る、という一風変わった祭りです。

45ページ

帯分数のひき算

今日のせいせき
まちがいが
0-2こ よくできたね!
3-5こ できたね
6こ- がんばれ

帯分数のひき算も、帯分数のたし算と同じ考え方でできるよ。

1 $3\frac{2}{6}-1\frac{5}{6}$の計算のしかたを考えます。

- 整数部分と分数部分に分けて計算する。

分数部分がひけないから1くり下げる。

$3\frac{2}{6}-1\frac{5}{6}=\boxed{2}\frac{⑧}{6}-\boxed{1}\frac{⑤}{6}=1\frac{3}{6}$

(⑧−⑤)　(②−①)

- 仮分数になおして計算する。

$3\frac{2}{6}-1\frac{5}{6}=\frac{20}{6}-\frac{11}{6}=\frac{9}{6}$

2 計算をしましょう。

① $2\frac{4}{5}-1\frac{1}{5}=1\frac{3}{5}\left(\frac{8}{5}\right)$

② $3\frac{5}{6}-2\frac{2}{6}=1\frac{3}{6}\left(\frac{9}{6}\right)$

③ $3\frac{1}{2}-2=1\frac{1}{2}\left(\frac{3}{2}\right)$

④ $1\frac{2}{9}-\frac{5}{9}=\frac{6}{9}$

⑤ $2\frac{3}{7}-1\frac{5}{7}=\frac{5}{7}$

⑥ $1\frac{1}{6}-\frac{5}{6}=\frac{2}{6}$

⑦ $2\frac{2}{3}-\frac{1}{3}=2\frac{1}{3}\left(\frac{7}{3}\right)$

⑧ $3-\frac{3}{8}=2\frac{5}{8}\left(\frac{21}{8}\right)$

⑨ $3\frac{2}{4}-\frac{3}{4}=2\frac{3}{4}\left(\frac{11}{4}\right)$

⑩ $2\frac{1}{5}-\frac{3}{5}=1\frac{3}{5}\left(\frac{8}{5}\right)$

45

47ページ

かくにんテスト 3

今日のせいせき
まちがいが
0-2こ よくできたね!
3-5こ できたね
6こ- がんばれ

点

1 次の仮分数は帯分数か整数に、帯分数は仮分数になおしましょう。〈1つ3点〉

① $\frac{12}{5}$　$2\frac{2}{5}$

② $\frac{18}{6}$　3

③ $\frac{22}{7}$　$3\frac{1}{7}$

④ $2\frac{2}{3}$　$\frac{8}{3}$

⑤ $1\frac{1}{4}$　$\frac{5}{4}$

⑥ $2\frac{3}{7}$　$\frac{17}{7}$

2 □にあてはまる等号や不等号を書きましょう。〈1つ3点〉

① $\frac{5}{9} > \frac{5}{10}$

② $2\frac{1}{3} < \frac{8}{3}$

③ $\frac{6}{7} > \frac{6}{9}$

④ $\frac{10}{5} = 2$

⑤ $1\frac{5}{8} > \frac{10}{8}$

⑥ $\frac{3}{5} < \frac{3}{4}$

⑦ $\frac{1}{8} < \frac{1}{7}$

⑧ $3 > \frac{11}{4}$

47

46ページ

3 計算をしましょう。

① $3-\frac{1}{2}=2\frac{1}{2}\left(\frac{5}{2}\right)$

② $3\frac{4}{6}-2\frac{2}{6}=1\frac{2}{6}\left(\frac{8}{6}\right)$

③ $2\frac{1}{3}-1\frac{2}{3}=\frac{2}{3}$

④ $3\frac{1}{5}-2=1\frac{1}{5}\left(\frac{6}{5}\right)$

⑤ $2\frac{3}{4}-1\frac{2}{4}=1\frac{1}{4}\left(\frac{5}{4}\right)$

⑥ $3\frac{2}{8}-\frac{5}{8}=2\frac{5}{8}\left(\frac{21}{8}\right)$

テストに出るうんこ
決定版
日本10大うんこ祭り
キミならどの祭りに参加したい!?
10 御うんこ様祭り
山の頂上から巨大なうんこをすべり落とし、
祭りの参加者たちは必死でそのうんこにしがみつきます。
「最後までうんこにしがみつけていた者は富と名声を手にする」と言われています。

48ページ

3 計算をしましょう。〈1つ3点〉

① $\frac{2}{3}+\frac{5}{3}=\frac{7}{3}\left(2\frac{1}{3}\right)$

② $\frac{3}{4}+\frac{5}{4}=2$

③ $\frac{10}{7}+\frac{3}{7}=\frac{13}{7}\left(1\frac{6}{7}\right)$

④ $\frac{8}{5}-\frac{2}{5}=\frac{6}{5}\left(1\frac{1}{5}\right)$

⑤ $\frac{9}{7}-\frac{1}{7}=\frac{8}{7}\left(1\frac{1}{7}\right)$

⑥ $\frac{10}{6}-\frac{4}{6}=1$

⑦ $2\frac{1}{5}+1\frac{3}{5}=3\frac{4}{5}\left(\frac{19}{5}\right)$

⑧ $3\frac{5}{8}+4\frac{4}{8}=8\frac{1}{8}\left(\frac{65}{8}\right)$

⑨ $3\frac{2}{7}+1\frac{5}{7}=5$

⑩ $3\frac{5}{6}-1\frac{4}{6}=2\frac{1}{6}\left(\frac{13}{6}\right)$

⑪ $2\frac{1}{8}-\frac{1}{8}=2$

⑫ $5-4\frac{1}{9}=\frac{8}{9}$

4 次のうち、「お笠うんこの儀」はどれですか。〈22点〉

あ

い

㋒

48

49ページ

25 まとめテスト

4年生の小数・分数

点

今日のせいせき まちがいが 0～2こ よくできたね！ 3～5こ できたね 6こ～ がんばれ

1 筆算で計算をしましょう。(1つ5点)

① 4.53+0.97

	4.	5	3
+	0.	9	7
	5.	5	0

② 8−7.265

	8			
−	7.	2	6	5
	0.	7	3	5

③ 25.3×7

	2	5.	3
×			7
1	7	7.	1

④ 3.42×55

		3.	4	2
	×		5	5
	1	7	1	0
1	7	1	0	
1	8	8.	1	0

2 わりきれるまで計算をしましょう。(1つ5点)

① $41.4 \div 23 = 1.8$

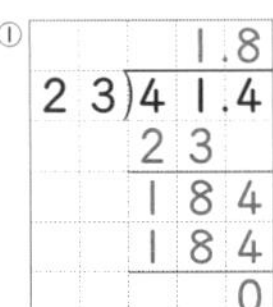

```
        1.8
 23)41.4
    23
    184
    184
      0
```

② $1.8 \div 5 = 0.36$

```
    0.36
 5)1.8
   15
    30
    30
     0
```


50ページ

3 ①は，商を一の位まで求めて，あまりもだしましょう。
②は，商を四捨五入して，上から2けたのがい数で求めましょう。(1つ5点)

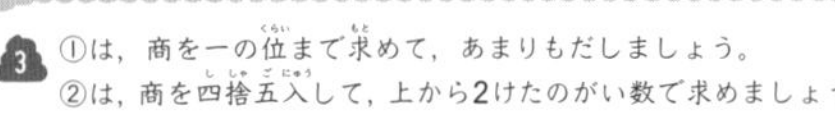

①

```
         4
 17)68.6
    68
     0.6
```

②

```
      2
    2.16
 4)8.65
   8
    6
    4
    25
    24
     1
```

4 □にあてはまる不等号を書きましょう。(1つ5点)

① $2\frac{3}{6} < \frac{23}{6}$　② $\frac{5}{8} > \frac{5}{9}$

5 計算をしましょう。(1つ5点)

① $\frac{5}{7}+\frac{8}{7}=\frac{13}{7}\left(1\frac{6}{7}\right)$　② $\frac{10}{8}-\frac{9}{8}=\frac{1}{8}$

③ $2\frac{3}{4}+1\frac{2}{4}=4\frac{1}{4}\left(\frac{17}{4}\right)$　④ $3\frac{4}{5}-2=1\frac{4}{5}\left(\frac{9}{5}\right)$

6 次のうんこ祭りの名前を書きましょう。(30点)

答え うんこねぶた

計算などで
自由に使おう！

読む順番

矢印の順番に読んでください

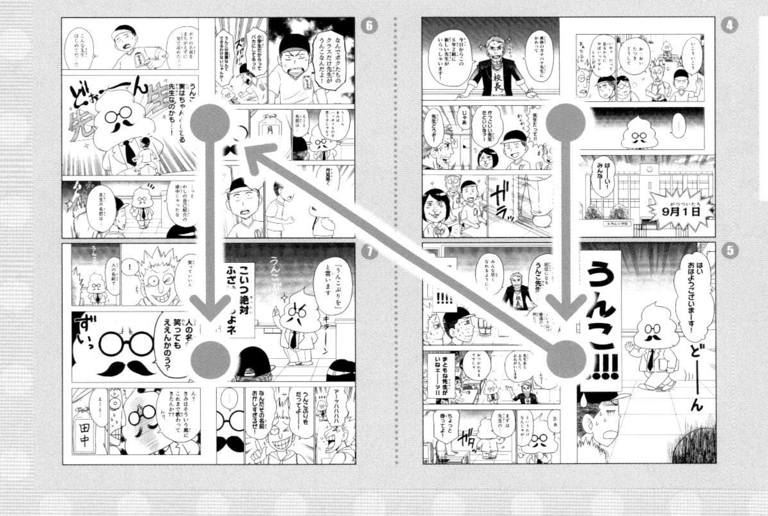

↓ではここから!『おはよう!うんこ先生』第1話 スタートです!

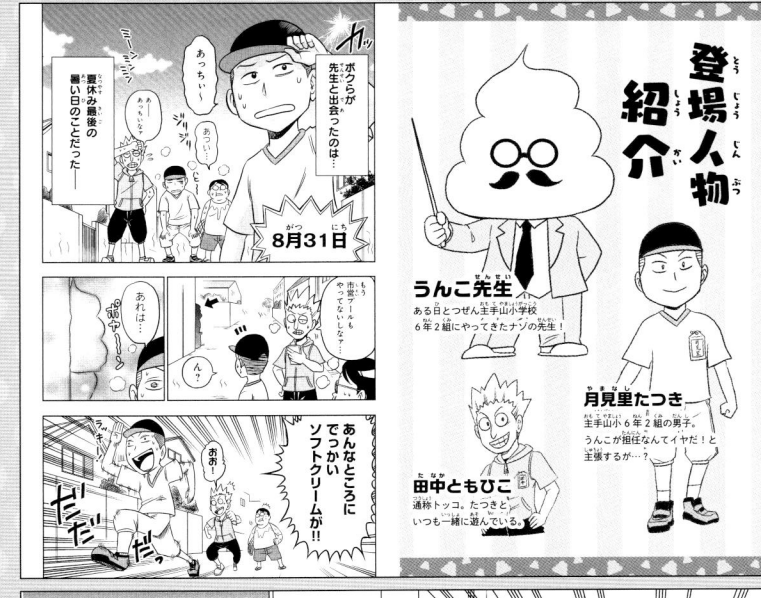

6

なんでボクたちのクラスだけ先生がうんこなんだよ!
小学生だからってバカにしてるっ!!
ズバッ
うんこが授業なんてできるわけないじゃんか!
う〜ん きみはハッキリものを言う子じゃなァ
えーと 名前は…
月見里
月見里くんか
…!
ポ…
ボクの名前をまちがえずに一発で読めたッッ
こんな先生はじめてだ…!!!
どぉーーん
先生
うんこだけど実はちゃんとしてる先生なのかも…!
…っと わしの自己紹介の途中じゃったな
先生の名前は…

7

「うんこぶりを」と言います
うんこぶりを
キラーーン
こいつ絶対ふざけてるよネ
アーッハハハハ
うんこぶりをだってよーー!
なんだその名前おかしすぎるぜ!
……
笑っていいんかのう
!
人の名前で…
うんこぶり…
人の名前で笑ってもええんかのう?
ずいっ
ん? きみはそういう風にこれまで教わってきたんか??
ん?
えーと…
田中

田中くん…
ブブッ ふつう!!!
ぶばっ
たなかて!!
失礼な奴だな!!!
わしが困っとったのに学校の場所を教えてくれんかった…
困っとる人には親切にせんといかんじゃろ?
だ…だって
怪しかったからだよ!!
あんなとこにうんこなんか座ってたら逃げるに決まってるじゃん!!!
ところできみたちは…
昨日わしにウソをついたのう
コホン
?
あ
このあたりに幸山小学校という学校はないかの
えっ
そんな学校知らないな
そういえば…!!
ハッ
!!
あ…あやしい…
わしが…

ガーン
ただうんこってだけじゃろ…???
それで十分だ!!!!!
うーむ どうも日本は遅れとっていかん
もう海外では人とうんこは半々くらいなんじゃが…
さらっとうそをつくな!!!
ピキキッ
まぁええ!! とにかくわしはうんこじゃがちゃんとした先生なのじゃ!!
わしが担任になったからには…
きみらを
ナンバーワンにしちゃうのじゃぞい!!!!
くるっ
ナ…
ナンバーワン…!!!
本当に…??
もちじゃッ!! わしには見えるぞい!
きみらがこの町…いや!
この県…いや!
この日本でナンバーワンの…

もういいよ! 絶対ふざけてるこのバカうんこ!!
ふつうの先生がいいよ! 校長先生に言いに行こう
待ってくれ 待ってくれ!!
ちょちょちょ
ドドド
ゾロゾロ
わしを先生として認めるかどうか…
これを見てから判断してほしいのじゃ!
ぐ…
ふつうの先生には…
絶対にこんなことできんぞい!!
おおお~~!!!
おすもうさんになっとる姿が!!!!
なぜ!!!!!!?
ワー ワー

ぼわんっ
ひげ濃くなっただけ~~~ッ!!!?!
そしてキモイ!
しかもなんか死にかけてる!!!!
ハァ ハァ
UPをつかいすぎた…
バタリ
ちぇっ
なんだよ変身でもするのかと思ったじゃん
それならちょっと面白かったのに!!
オレもビーム光線とか出るのかと思ったぜ
出るわけないでしょ! バカばっかね
変身とビームくらいなら…
……
ゴゴッ

「先生とは こうでないと…」
「勉強はまじめに やらないと…」
「男は 強くないと…」
「女はお料理が できないと…」
誰がそんなの 決めたんじゃ？
もともと そんなルール ないのに…
勝手に息苦しく しとらんかい??
「みんなが こう言うから」 じゃなくて 自分の頭で 考えてみること
わしはそれが 一番大事だと 思うぞい！
たしかにそうだ ボクたちはいつのまにか 大切なことを 忘れていたのかもしれない！
先生…!!
なんか… うんこが先生でも いいような気が してきたよ！
気軽に 「うんこ先生」と 呼んでくれい
うんこ先生～!!
ありがと なのじゃ！
では…
コホン
さっそくじゃが 授業を始めても ええかの
うん!!
ほんじゃ 最初の授業は…

すもうじゃ!!
なんでなの!!!!!
がっぷり
すもうをとりながら ボクは思った…
この先生 うんこだけど…
けっこう 面白いかも！
次はわしが 相手じゃ
いちについて
いやそれ 別の競技！
ど――――ん

〈おはよう！うんこ先生・第１話／おわり〉

うんこドリルセット購入者限定！

学習に役立つ特別ふろく付き

⬇ ご購入は各QRコードから ⬇

小学1年生

漢字セット 2冊
かん字/かん字もんだいしゅう編

算数セット 3冊
たしざん/ひきざん
文しょうだい

オールインワンセット 7冊
かん字/かん字もんだいしゅう編
たしざん/ひきざん/文しょうだい
アルファベット・ローマ字/英単語

小学2年生

漢字セット 2冊
かん字/かん字もんだいしゅう編

算数セット 4冊
たし算/ひき算/かけ算
文しょうだい

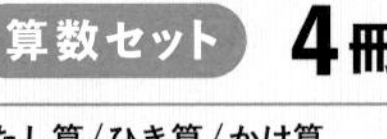

オールインワンセット 8冊
かん字/かん字もんだいしゅう編
たし算/ひき算/かけ算/文しょうだい
アルファベット・ローマ字/英単語

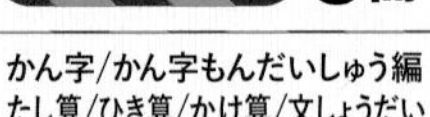

小学3年生

漢字セット 2冊
漢字/漢字問題集編

算数セット 4冊
たし算・ひき算/かけ算
わり算/文章題

オールインワンセット 8冊
漢字/漢字問題集編/たし算・ひき算
かけ算/わり算/文章題
アルファベット・ローマ字/英単語

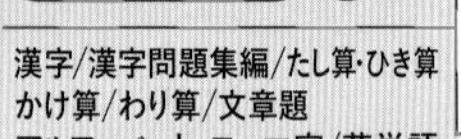

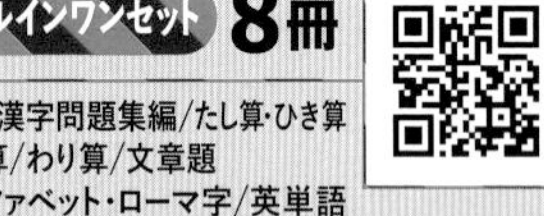

＼全部入り！／

※セットによって特別ふろくの内容は異なります。

遊び感覚だから続けられる！

日本一楽しい学習アプリ

国語 算数 理科 社会 ＋ 英語 教養

わしもさっそくやってみるぞい！

無料体験版

わからなくても正解できる！

スタート！

まずはトライ！ あれ？ この問題、なんとなくわかる！

すごい！ 練習は全問正解！ 自信がついて、レベルもアップ！

答えは最初と同じ、でも少しだけなやむ問題

さあ本番、偉人と対決！ この問題… 答えはすでに学習済み！

実は3回目！ だからこそわかる問題！

復習も楽しくちょう戦！ もう完ペキ！

もりもり遊んで力をつけて、さあ次のステージへ！

単元にそった学習

確認テスト

復習と集中力の特訓

復習と成長の確認

COMBO!

がんばるともらえるうんこグッズも！

くわしい内容や費用はこちらから

小学3年生～6年生対象

※本サービスは予告なく変更する場合がございます。